「鎮守の森」が世界を救う

はじめに

平成26年6月、世界各国からやって来たヒンドゥー教、キリスト教、道教、シーク教、イスラム教、儒教といった宗教の指導者たちが、三重県伊勢市を訪れた。彼らは「宗教が世界の環境問題を解決する鍵になる」という考えのもと活動している「宗教的環境保全同盟」（ARC）のメンバーで、伊勢で開催される国際会議に参加するため来日したのだ。

会議の幕開けに当たり、参加者たちは神宮（伊勢神宮）への参拝を行った。木々が鬱蒼《うっそう》と繁る森、清らかな水の流れ――。豊かな自然に包まれた神域に身を置いて、神宮のありようを体感した彼らが口にしたのは、「帰りたくない」という言葉だった。

その後に訪れた京都で参加者たちが目にしたのは、賀茂御祖《かもみおや》神社（下鴨《しもがも》神社）の鎮守《ちんじゅ》の森である「糺《ただす》の森」を人々が自由に行き交い、自転車で走り抜ける光景。あるいは、地域の氏神を祀る小さな神社の境内で、子供たちが遊んでいる光景だった。「神社やその鎮守の森は、聖なる存在でありながら、人々にとって身近で日常に溶け込んだ存在なのだ」ということが、彼らを驚かせた。

なぜ、そのように驚いたのだろうか？　例えば、キリスト教の教会やイスラム教のモスクは、祈り、あるいは懺悔《ざんげ》をし、あるいは説教を聴くための厳粛な場所である。そこでは無用なおしゃべりや自由な行動は許されないし、ふらりと散歩に来たり、息抜きに来たりする場所ではない。「憩い」という目的のためならば、彼らの世界には「公園」という場所が用意されている。だから彼らは、日本の神道の宗教施設である神社が、憩いの場所でもあることに驚いたのである。

また、山の上に鎮座する石清水八幡宮《いわしみずはちまんぐう》（京都府八幡市）を訪れた参加者は、「山の上にあるにもかかわらず、ごみひとつ落ちていない。なぜこのようにきれいに保たれているのか？」と尋ねた。彼らが知る巡礼地では、多くの巡礼者たちが捨てていくごみに悩まされ、汚れてしまっている場所も多い。そのためＡＲＣでは「巡礼地緑化」のプロジェクトに取り組んでいるところなのだ。

こうした神社のありようは日本人から見れば当たり前のことかもしれない。しかし今、日本でも神社ブームといわれ、その存在が見直されてきていることも事実である。神社にお参りすると、「神域の空気に癒やされる」「エネルギーをもらえる」という声も多い。神宮を訪れたＡＲＣのメンバーたちも同じように感じ、「帰りたくない」という気持ちになったのではないだろうか。

平成25年に行われた第62回神宮式年遷宮《じんぐうしきねんせんぐう》は大きな話題となった。そして、神宮では神様にお供えする米や野菜を自給自足し、社殿を建て替えるための木材を供給する森を育てていること、また、自然のサイクルや稲作の工程と連動して、さまざまな祭りが続けられていることなど、神宮の営みについても広く知られるところとなった。

こうした神宮の営みは、環境問題を考えるうえで近年盛んにいわれる「持続可能性」のモデルになりうるとして、ARCでも注目されている。そして彼らは、その根底にある「人間は自然に生かされている」という神道に基づいた日本人の自然観について、もっと深く知ろうとしている。日本人にはピンとこないかもしれないが、「人間は自然に生かされている」という自然観は、キリスト教やイスラム教などの一神教の自然観とは真逆の、驚くべき自然観なのである。一神教の自然観に基づく開発が行き詰まりを見せている現在、こうした日本古来の自然観が世界の環境問題を救う鍵となるのではないかと期待されている。ARCの会議が伊勢で開催された背景には、このような意味があったのだ。

そして今、われわれ日本人も自らの自然観やそのルーツについて、見つめ直す時が来ている。

はじめに……3

第1章　地球環境の問題に世界の宗教者が取り組む

日本の自然観が、世界の環境問題を考えるヒントになる
——ARC事務総長　マーティン・パーマー……10
宗教者たちによる環境保護のプロジェクト事例……28

第2章　神道と環境問題

神道のなりたちと自然観……52
神道による環境保護活動……63

第3章　伊勢から世界に発信された日本人の価値観

聖地・伊勢に世界の宗教者が集まる……72
自然に生きるということ――彬子女王殿下……79
環境問題を仏教の視点から考える――高野山真言宗管長　松長有慶……96
御杣山《みそまやま》と式年遷宮――神宮大宮司　鷹司尚武……110
文学作品に表れた日本と自然――東京大学大学院教授　ロバート キャンベル……119
未来への指標～神宮とお祭り～――神宮禰宜・神宮司庁祭儀部長　小堀邦夫……129
持続的な世界のための宗教の役割――国連開発計画総裁特別顧問　オラフ・ショーベン……141

第4章　日本で、世界で、神道が果たす役割とは

日本で、世界で、神道が果たす役割とは――神社本庁総長　田中恆清……154

第1章

地球環境の問題に世界の宗教者が取り組む

日本の自然観が、世界の環境問題を考えるヒントになる

ARC事務総長　**マーティン・パーマー**

Martin Palmer●イギリス人神学者であり、宗教の専門家。世界中の主要な宗教と協力して環境保護活動を行うため設立されたNGO「ARC」（宗教的環境保全同盟）の事務局長を務め、BBCテレビ・ラジオでも活躍している

世界の主な宗教と協力して地球の環境問題に取り組むことを目的にイギリスで設立されたARC（宗教的環境保全同盟）。その創設メンバーで事務局長を務めるマーティン・パーマー氏は、世界の宗教に精通する宗教の専門家だ。パーマー氏は、神道的な自然観にこそ、環境問題解決への可能性が秘められていると言う。ARC創設の経緯、宗教者が環境問題に取り組むことの意義、宗教による自然観の違いなどについて語ってもらった。

宗教が自然環境保護？

「宗教的環境保全同盟」（*Alliance of Religions and Conservation*／英語略称ＡＲＣ）は１９９５年にイギリスのエディンバラ公フィリップ王配殿下（エリザベス2世女王陛下の配偶者）によって設立されました。その目的は「世界の主要な宗教が、それぞれの教義、信仰、実践に基づき、環境問題に取り組む独自のプログラム策定を支援すること」です。

みなさんのなかには「宗教が自然環境保護？」と不思議に思われる方もいらっしゃるでしょうが、ＡＲＣの設立経緯をお話しすればご理解いただけると思います。

ＡＲＣの設立は１９８６年、イタリアのアッシジで開催された世界自然保護基金（英語略称ＷＷＦ）の25周年の記念大会に端を発しています。ご承知のように、アッシジは聖フランチェスコとフランチェスコ修道会の本拠地で、聖フランチェスコは小鳥と話せたというエピソードが物語るほど自然に親しんだ方でした。当時、ＷＷＦの総裁でいらっしゃったフィリップ王配殿下が記念大会の場所にこの地を選ばれたことからも、殿下の自然環境保護に対する強い思いがうかがえます。

殿下はその大会に仏教、キリスト教、ヒンドゥー教、イスラム教、ユダヤ教の指導者を招待し、環境問題に関する話し合いの場を提供しました。その後、WWFが各宗教と環境問題に取り組む方途を模索していくなかで、1995年、先の5宗教に新たにバハーイー教、道教、ジャイナ教、シーク教の4宗教を加え、イギリスのウィンザー城においてARCが設立されました。現在は設立当時の9宗教に、神道、ゾロアスター教、儒教の3宗教が加わった計12宗教が加盟しています。

宗教は頭でなく「心」でものごとを理解する方法

では、フィリップ王配殿下はなぜ自然環境保護と宗教を結びつけることを思い立たれたのでしょうか。

殿下はWWFが設立された1961年からWWFの活動に関わっておられ、81年から96年までは総裁を務められました。85年ごろ、殿下はWWFのそれまでの25年間の活動を振り返り、「この25年間、われわれは何も成し遂げていない。どこにも辿りついていない」という結論を出されました。「WWFは25年間にわたって各種のデータやさまざまな情報を提供して野生動物と自然保護に関する人々の注意を喚起してきたが、人々の心を動かすまでには至らなかった」と考えられたわけです。

ちょうどそのころに殿下が読まれたのが、私の書いた本でした。その2年前、私はWWFから学校教育で使う宗教に関する教科書の執筆を依頼されていました。私は神学者であり、それまでに宗教、歴史、生態学などについての本を書いた経験があったので、WWFからの依頼に対し、日本語でなら『さまざまな世界』とでも訳すようなタイトルの本を書き、8つの宗教団体の教義や活動内容について紹介しました。殿下はその本を読まれ、非常に刺激を受けられたようです。このときに殿下のなかで宗教と自然環境保護が結びつき、私がその本で主張した考え、すなわち「宗教は、頭でものごとを理解するのではなく、心で理解する唯一の方法だ」との意見に共感されたわけです。

データに頼っているだけでは世界は良くならない

宗教という観点から環境保護をお考えになったフィリップ王配殿下は、85年9月に開催されたWWFの会議に出席され、「データに頼っているだけでは世界は良くならない」と訴えられました。そして、翌年に迫っていたWWFの25周年の記念大会をキリスト教の聖地であるアッシジで開催し、そこに宗教団体のリーダーを招待して会議を持つことを提案されたのです。

アッシジに集まった5つの宗教団体の指導者たちは、「環境保護のために、お互いが何をできるか考えてみよう」との殿下の提案に基づき、話し合いました。5つの宗教には環境保護や科学についてそれぞれの見解がありましたが、殿下は「互いに誇りある教義と、耳を傾ける謙虚さを持ち、集まろう」と呼びかけました。

じつは、集まる前に各宗教は環境保護について声明文を出すようにWWFから求められていました。できるだけ簡潔で明快な言葉で、各々の聖典や教義や伝統を引用し、自然を大切にすることへの見解を書くように求められたのです。彼らはそれぞれの「声明」を携えてアッシジに集まり、ここで採択された宣言は「アッシジ宣言」と呼ばれるようになりました。

そしてこのアッシジの集まりから10年後、宗教者による環境保護運動のより発展的な形として、NGOのARCが発足したのです。

環境を守ることは「良心」「自然観」「ライフスタイル」と関わっている

これまでの話で、宗教と環境保護を結びつける必然性がお分かりになったと思います。結局、環境汚染を法律などで規制することには限界があるのです。環境保護を法律や条例で強制することも同様です。なぜなら身の周りの自然を大切にし、環境を保護することは法律以前のその人の「良心」や「自然観」に深く根ざし、「ライフスタイル」と関わっているからです。人々は自分の良心に背くことはできません。そしてその「良心」「自然観」「ライフスタイル」はその人の宗教や宗教観と無縁ではありません。食べ物の禁忌などを見ても、宗教が人々の行動に与える影響は非常に大きいことは誰でも知っていることです。人々の心と生き方の発露である宗教の観点から環境保護運動にアプローチすることは、非常に理にかなった方法なのです。

環境保護＝科学の分野、という固定観念

しかし、じつはＷＷＦの総会に宗教団体を招待するというフィリップ王配殿下の提案は、すんなり受け止められたわけではありません。ＷＷＦの総会の出席者は科学者、政治家、財界人を自認している人がほとんどですから、殿下の提案に対しての最初の反応は「何を

おっしゃっているのですか」というようなものでした。彼らの頭のなかには「環境保護活動は科学者によって行われる科学的なことである」という固定観念があり、宗教など役に立つはずがないという思いがあったのです。

総会の数日後、WWFの理事長から私に電話がかかってきました。「殿下の考えは突拍子もないことだから、諦めるように殿下を説得してほしい」とのことでした。私はその85年のクリスマスの日に殿下にお会いし、WWFから頼まれたとおりにお伝えした後で、次のように提案しました。「殿下、もっと大きなことを考えましょう。単に式典に招待するだけではなく、宗教と環境問題を結びつけるもっと大きな運動を起こしましょう」と。殿下はすぐに「それは素晴らしい考えだ」とお答えになりました。そこで、私たちは4時間かけて、その後にARCとなる活動内容を考えました。

話し合いが終わったとき、殿下からエリザベス2世女王陛下、当時はお元気でいらっしゃったクイーン・マザー(エリザベス2世女王陛下の王母)、さらには他の王族の方々に紹介され、二人で話し合ったことをお伝えしました。女王陛下は「素晴らしいアイディアですね」とおっしゃって、その5年後の2003年に行われた女王陛下のご即位50周年のお祝いの際に、正式にARCを支援すると表明してくださいました。

創設者のフィリップ王配殿下はARCにとって考えられる限りの最高の支援者です。これまで殿下はARCのために尽力してこられました。現在はチャールズ皇太子殿下が積極的に支援してくださっています。

西欧社会での宗教と科学の対立

フィリップ王配殿下がWWFの記念式典に宗教団体を招くまで、環境保護活動と宗教が関わりをもたなかった背景には、二つの理由があります。

まず、先にも話しましたが、当時、環境保護活動に携わっていた科学者たちには「環境保護活動は科学的なものである」という考えがありました。いいえ、私に言わせれば「科学的なことを行っていると思われたい」という気持ちです。宗教と科学がごく自然に共存している日本では想像しにくいことだと思いますが、私の住んでいるイギリスはもちろん、西欧社会では、宗教と科学は古くから対立してきました。とくにアメリカにおいては対立が深刻です。彼らにとって、非科学的な存在である宗教と一緒に活動するなど、考えられないことだったと思います。

少し話がそれますが、宗教と科学の対立がいかに根深いものか、事例をいくつか挙げましょう。86年のWWFの記念式典ではさまざまな会合やレセプションがあり、加盟各国の代表者が出席することになっていましたが、アメリカの代表者は出席を断ってきました。その理由は「宗教者と会っていると分かると、科学者としての信用をなくしてしまう」というものでした。

また同じころ、ロンドンで動物園協会の行事があったときのこと。動物園協会は科学者の集まりです。その行事には宗教者も招かれていましたが、行事を周知するためのポスターには宗教者のことを「天動説が提唱される前に広く信じられていた考え方を持った5人」と表現されていました。宗教者とは書かずに、古い考え方に基づいて行動している人たちの代表者が出席すると書いてあったのです。

批判から協力へ変化した科学者の認識

しかし、科学者の認識も変わりました。今から5年前、アメリカのWWFはすべてのプログラムを宗教団体とともに活動するという決定を下しました。

同じころ、私はアカデミズムの殿堂といわれるロンドンのロイヤル・アカデミーでレクチャーを行いました。レクチャー前にアカデミーから言われたのは、「ほとんどの出席者はあなたたちの行っている活動に批判的だ」ということです。私のレクチャーが終わったとき、インドで環境問題に取り組んでいる大きな組織の代表者が立ち上がって言いました。

「この会場にいるみなさんは、私が植物学の権威だということをご存知でしょう。私は国立公園の建設と維持とに半生を捧げてきました。あなたたちは私の文章を自分たちのウェブサイトなどに引用して、学生たちに読むように言ってきましたね。ただ、これまで私がなぜこれほどまでに国立公園の建設と維持に尽力するのかと尋ねた人は、誰もいませんでした」

ここで会場が静まり返りました。

「私はヒンドゥー教徒です。私はヒンドゥーの教えに従い、私の現在の人生において善いカルマを積み、悪いカルマをそぎ落とすために仕事を通じて人生を捧げているのです。あなたたちもパーマーさんの話をよく聞かなくてはなりません」

会場はさらに静まり返り、ピンが転がる音さえ聞こえるほどでした。

宗教者が環境問題に関わるという「挑戦」

一方、宗教団体が環境問題に関わらなかった理由は以下のようなものです。つまり、宗教団体には環境保護の問題がどれほど重要なものであるかという認識もなく、関心もなかったのです。関心があったにせよ、科学的な分野とされている環境保護の問題に宗教が足を踏み入れることに対しての不安、心配がありました。

実際、アッシジに5つの宗教を招くことになったとき、仏教、キリスト教、ヒンドゥー教、イスラム教、ユダヤ教は、環境について語る言葉を何一つ持っていませんでした。ですから、WWFから求められて出したエコロジーについての声明文は、彼らにとっても一つの挑戦だったと思います。

以来、科学者の認識が変化したように、宗教者の考えも変わりました。

1995年にARCが発足したとき、非公式ではありましたが世界銀行環境局長が参加しました。以来、世界の宗教者と世界銀行の接触が始まり、98年2月には世界銀行代表との間で第1回の公式会議が開かれました。2000年11月には、ARCとWWFが共催して世界銀行や他の環境保護団体の支援のもと、ネパールの首都カトマンズで「地球への贈り物」を発表する大会が開かれました。２００７年8月には、商業的見地からみた森林管理基準と双璧をなすものとしての「宗教的森林管理基準（ＲＦＳ）」策定に向けた「信仰と林業の集い」がスウェーデンで開催され、諸宗教が所有する森林を保護していくための神学的見解の明示が求められることになりました。

宗教が環境問題についての発信力を持ちはじめた

会議を開くだけではありません。創設以来、ＡＲＣはさまざまな活動に取り組んできました。宗教団体がＡＲＣに加盟する際、私たちは神学上の説明ではなく、長期的な行動目標を提示することを求めています。これまでどんな宗教団体がどのような活動を行ってきたか、その事例については次項28ページからの「宗教者たちによる環境保護のプロジェクト事例」をお読みいただければと思いますが、宗教は環境保護に向けてさらに歩を進めています。

バチカンとはＡＲＣ創設前の１９８６年から一緒に活動しています。ゆっくりとした歩みではありますが、フランチェスコ会、ベネディクト会、修道会など世界中のカトリックの大司教、司教と一緒に歩んできました。２０１５年の3月にはローマ法王から環境についての最初の言葉が語られる予定になっています。法王が一般の信者に向けて語る環境についての初めての「聖なる言葉」です。一般の信者に向けて語るのは、環境問題が重要であるという認識があるからです。

イスラム教にとって、ローマ法王の「聖なる言葉」と同じ効力を持つのは「ファトワー」(イスラム法学上の勧告) ですが、２０１４年2月、インドネシアのムスリム協会が森林破壊、非合法な野生動物の取引に反対するファトワーを出しました。

アッシジでの会合を持った86年時点では、どの宗教も環境について語る言葉を持っていなかったことを考えると、驚くべき変化です。会合などで諸宗教が一堂に会することによって、お互いがどのような活動を行っているかの情報交換ができることも、ARCの大きな利点です。各宗教にはその宗教ならではの知恵や特徴的な方法があります。それぞれの知恵や活動を知ることは、お互いの理解にもつながります。

宗教の教義には環境破壊に対する知恵が備わっている

宗教は今や各団体と協力し、主体的にアプローチするようになりました。長い歴史と伝統を有する宗教は時代とともに変化し、社会との関連を常に保ち続ける方法を備えているのです。各宗教には自らの教義を時代や社会状況に応じて解釈し直し、社会問題への対処法を平易な言葉で信仰者に語りかける力があります。

そしてこの力こそが、ＡＲＣが宗教に求めたものでした。ＡＲＣには二つの目標があります。一つは各宗教が自分たちの教えをもう一度見直して、その教義のなかに環境破壊という状況に対処する知恵があるはずだと考え、その知恵を見つけてほしいということ。もう一つは、宗教をＷＷＦや国連といった世俗の組織と協同させ、それぞれの得意分野を生かしながら環境保護活動に当たってほしいというものです。この二つの目標を達成して、各宗教がそれぞれの教義、信仰に基づき、環境問題に取り組む独自のプログラムを策定すること。これを支援するのがＡＲＣの目的なのです。

ＷＷＦや国連は環境問題の望ましい結果や効果的な方法を示してくれますが、なぜその結果を求めなければならないのかという理由は示してくれません。人は「自然保護は大切だから」といった茫洋とした理由では動きません。先に挙げたインドの植物学者のような、もっと身近で切実な理由を示す必要があるのです。そして、その理由を示せる存在の一つが宗教なのです。

ただ、いくら宗教が環境保護活動に目覚めても、宗教家たちだけの集まりでは他の世界から見向きもされない恐れがあります。その点、ARCの活動には宗教団体だけではなく世俗の機関が関わっています。だからこそ、ARCの会議で話し合われたことは宗教の枠を超えて世界に向けて発信されるのです。

神道に根ざした日本人の自然観のユニークさ

宗教と自然を考えるとき、日本人の自然観は世界にとって大きなヒントになると思います。日本人の自然観は日本の風土と、その風土から生まれた神道に根ざしていますが、神道はキリスト教やユダヤ教のような宗教からすると非常にユニークです。まず、教義が存在せず、信者に向かって説教もしません。そして、自然に対する考え方も独特です。

環境保護をめぐる文章では「いかにして自然を守るか」ということがよく語られますが、私の理解するところの神道の考え方では「それは逆である。人間は自然によって生かされている」ということになります。西洋の宗教哲学では「人間は神によって創造された存在であるから、この地球にあるものは私たち人間が自由に利用してもよい」と考えますが、神道では「人間は自然の一部である。人間は自然から切り離されているわけではない」と考えます。このような神道の考え方は、地球を破壊してしまいそうな科学技術万能思想に対する強い抵抗力になると思います。

日本人は祖先から受け継いだ自然観を思い出すべき

こうした神道の自然観を、日本の人々はとくに宗教的な環境に生まれ育たなくても持っているように思います。誰もが「人間は自然の一部だ」ということを骨の髄から知っていますし、知識ではなく感覚として身につけています。

そして、「私たちは自然によって生かされている」という感謝の気持ちは「いただきます」という食前の挨拶に表れています。あの言葉は植物や動物の命を「いただく」ということですから。自然に感謝し、春になれば桜を愛で、秋には紅葉狩りを楽しみ、正月には初詣に出かける文化は、本当に素晴らしいと思います。

私はもう幾度となく日本に来ていますが、成田空港から東京に向かう電車の窓から外を眺めるのが好きです。コンクリート・ジャングルの中にこんもりした森を見かけると、神社の鎮守の森を連想します。

高度経済成長期以来、日本の国土はどんどん開発されていきましたが、今こそ日本人は本来の自然観を思い出すべきです。「いただきます」と言うたびに、自分たちが祖先より受け継いできた価値観と伝統を再認識しましょう。そして、その価値観を世界に向けて発信しましょう。日本人の自然観には環境保護活動を進める大きな力があるのですから。

ARCの会議が伊勢で開かれることの意義

2014年6月、国際連合と協同するARCの会議が、神道の聖地である伊勢を会場に開かれました。そしてそれは、日本人の自然観を世界に発信する良い機会となりました。

伊勢会議では国連と連携し、新たに「価値観の探究」プログラムを計画しました。このプログラムは、これまで経済的側面だけに注目して実施されてきた「持続可能な開発計画」について、文化や伝統的な価値観を考慮して展開していくことを目指しています。

2015年の国連総会での採択が予定されている以後15年間の「持続可能な開発計画」に、

このプログラムは大きな影響を与えることになります。

ご承知のように、伊勢では２０１３年に第62回神宮式年遷宮が執り行われました。62回目の遷宮を行うにあたって、前もって育てた木を使って御正宮《ごしょうぐう》を新築し、古いご社殿の木材を他の神社へプレゼントするという方法は、環境保護問題にとって示唆に富んでいます。「持続可能な開発計画」を話し合う会議が伊勢で行われたということは、非常に意義深いことなのです。

環境保護をめぐる状況は一刻の猶予もない段階に来ています。しかし、人間が真剣に自然との関わりを考えるのであれば、それは科学的なデータという知識として関わるのではなく、物語として関わるべきです。そして物語の最高の形態が宗教なのです。宗教こそは環境保護問題を考える際の大きな力だと私は信じています。

宗教者たちによる環境保護のプロジェクト事例

「宗教は環境保護問題を考える際の大きな力である」と信じて、各宗教がそれぞれの教義や信仰に基づいて、環境問題に取り組む独自のプログラムを策定する。これを支援することがARC（宗教的環境保全同盟）の目的である。

そして、それぞれの宗教が自らの教えをもとに環境問題についての行動を起こすことは、その宗教の信仰上の助けになるとARCは考えている。

これまでにARCの活動の一環として、どのようなプロジェクトが計画・実践されてきたのか、ARCのウェブサイトに掲載されている多岐にわたるプロジェクトのなかから、5つの事例をご紹介する。

1 巡礼地緑化ネットワーク

巡礼地緑化ネットワーク（*Green Pilgrimage Network*／英語略称ＧＰＮ）は、世界中のさまざまな宗教の巡礼地28都市とその他の聖地・宗教団体が取り組む世界的な共同事業である。加盟都市はみな、緑化活動のモデル都市になろうとしている。また、加盟メンバーは、世界中の巡礼者と巡礼者を受け入れる都市が、環境に配慮し、地球に肯定的な足跡を残せるようになることを目指している。

ＧＰＮは２０１１年、ＡＲＣの主導によりイタリアのアッシジで開催されたイベントから始まった。当初は、大きな環境改善を目指す長期計画に取り組んでいた世界の12の聖地・宗教団体が加盟し、それらの団体は10の宗教にまたがっていた。神社本庁も当初からの加盟メンバーの一つである。

その後、加盟メンバーを増やし、２０１４年には巡礼地緑化ウェブサイト［*http://greenpilgrimage.net*］が設置され、ＧＰＮは独立した組織となりつつある。

以下に、巡礼地緑化ネットワークに加盟するメンバーによる環境保全活動の例を挙げてみよう。

ハッジ・グリーンガイド

「ハッジ」とは、イスラム教徒の聖地メッカへの巡礼を指す言葉である。イスラム教では、身体壮健な信者は少なくとも一生に一度はメッカへの巡礼の旅に出ることになっている。毎年300万人のイスラム教徒が巡礼のためサウジアラビアのメッカを訪れており、巡礼者は1億本ものペットボトルを捨てていくといわれる。

2011年、GPNは環境的に持続可能なハッジのための最初のガイドをつくった。ハッジ・グリーンガイドは、ビニール袋やペットボトルの使用を避け、自分たちのごみを片付け、環境にやさしい方針を掲げる旅行会社を選ぶよう呼びかけている。また、巡礼者には、家に戻ってからも環境に配慮するよう呼びかけている。

このガイドはアラビア語、インドネシア語、ハウサ語（ナイジェリアでの使用のため）に翻訳されている。

ナイジェリアについては、西アフリカから毎年150万人のイスラム教徒が、ナイジェリア北部にある聖地カノの祭りに合わせて巡礼にやって来る。そのため、ハッジだけでなく、こうした巡礼者にもこのガイドが適用される。

グリーンガイドの環境保護メッセージは、緑化活動のリーダーたちによって広められている。彼らは、例えば水をペットボトルからではなく、昔ながらの水筒から飲むことを推奨している。

道教の聖地・楼観の緑化活動

中国・陝西《せんせい》省西安《せいあん》にある楼観台《ろうがんたい》は、道教の教祖である老子がその思想をまとめた『道徳経』を書いた地といわれ、道教の最も重要な聖地である。

２０１１年のアッシジでのイベントのなかで、道教はＧＰＮの設立メンバーとして楼観の寺院と街を緑化することを約束した。こうして、２０１２年５月までに環境に配慮したエコホテルがつくられた。楼観のエコホテルは素晴らしい環境設備を備えており、二酸化炭素排出量を抑えるため、暖房設備は太陽光と天然ガスをエネルギー源としている。

また、道教は環境に配慮した新しい寺院を建設し、オーガニックレストランとともに地元の有機野菜の栽培を広めるセンターを設立した。

その後、彼らは「春到楼観」（楼観に春が来た）と題したウェブサイトを立ち上げた。

ウェブサイト上では、環境に配慮した巡礼を実践するよう観光客に訴え、ソーラーパネルやバイオ燃料、再利用可能エネルギーなどの使用を推奨している。

道教では、中国のこのほかの巡礼都市も楼観をモデルとしてくれることを期待している。

アルメニア正教会のエチミアジン緑化活動

アルメニアのエチミアジンは、アルメニア正教会の長である「カトリコス」がいることから、その総本山として知られる町だ。町の中心でもあるエチミアジン大聖堂は世界最古の教会であり、ユネスコの世界遺産に登録されている。

アルメニア正教会はこれまでに、環境に配慮したもてなしや伝統的な食事の提供、緑化地域や公園の拡大、森林の保護、教会周辺地域の緑化についての教育活動を行ってきた。そして、エチミアジンの町をアルメニアで最も緑化された町にすることを目標にしている。

スコットランド・ルスの巡礼路

ローモンド湖のほとりにあるスコットランド最初の国立公園であるルスには、毎年75万人の観光客が訪れる。ルスには、世界中から集まったボランティアの若者たちによってつくられた巡礼路がある。

ルスは、世界中の巡礼者がルスやその他のスコットランド地域にある古い巡礼地を訪れることを奨励する旨、スコットランド西部の多くを管轄する地元のアーガイル・アンド・ビュート議会との同意に至った。

新しい巡礼路とともに、「ケルトの聖人の足跡」と呼ばれる巡礼と環境保護に関する教育プログラムが計画されており、ルスの若いボランティアたちが国立公園を横切る古代の巡礼路再建などを手伝っている。

ノルウェー・トロンハイムの環境ガイドライン

オーラヴ王が船出をしたと伝承される地で、ノルウェー王国最初の首都であるトロンハイム。市内には歴史的遺産が存在し、なかでもニーダロス大聖堂へは中世から巡礼が盛んに行われてきた。

トロンハイムは、とくに公共交通の分野で環境に配慮した町になろうとしている。200台以上の天然ガスにより運行されるバスが利用され、地域の空気の質が向上している。また、トロンハイムはノルウェーで最初の低二酸化炭素排出の郊外となり、周辺の海底をきれいにする計画が進められている。ノルウェー国教会は、環境に配慮したイベントやお祭りのためのガイドラインを設定している。

シーク教の聖地・アムリトサルのエコ活動

インド・パンジャブ地方のアムリトサルは、16世紀後半にシーク教徒によって建設された町だ。アムリトサルにあるシーク教の総本山「ハリマンディル サーヒブ」は、ゴールデン・テンプル（黄金寺院）の通称で知られ、毎年3000万人が訪れている。シーク教の寺院では、礼拝の後に「ランガル」と呼ばれる食事が誰にでも無料で振る舞われる。

GPNの設立メンバーとして加盟したアムリトサルは、当初から積極的な環境保護計画を掲げていた。その計画とは、太陽光を燃料として活用するキッチンでつくったベジタリアンの食事を、信条や信仰、あるいは要不要にかかわらず、すべての巡礼者に無料で提供することそして、公共のごみ収集が適切に行われていない町で、大規模な清掃活動を組織するというものだ。

２０１２年６月、２００のシーク教の団体、市の行政関係者、教育者を集めて「エコ・アムリトサル」と呼ばれるグループを結成し、有機農業や環境教育について、政府の建物など大きな組織での雨水の活用について紹介した。２０１３年７月のアムリトサルの建設記念日には、新しい啓発活動やごみの持ち帰り、プラスチックや化学薬品の不使用、堆肥使用の推進などの計画を始動させている。

２　野生動物と森林プログラム

ＡＲＣの発足にはＷＷＦの活動が関係していることから、絶滅危惧種の保護と保全は常にＡＲＣの中心的な活動である。また、すべての主要な宗教は、自然界の保全と保護は信仰を持つ者の根本的な責務だと教えている。

２０１２年、ＡＲＣとＷＷＦアメリカの共同により発足した「野生動物と森林プログラム」は、共同体に絶滅危惧種とその生息環境の保護について学んでもらうことを目的としている。なぜなら、それが信仰の一部だからである。

野生動物への脅威が非常に高くなっているのは、偶然にも信仰が人々の生活における強力な指針となっている国々である。それらの国々では、宗教が社会の大きな部分を占め、宗教指導者が何百万という人々から精神的指導者として尊敬されている。このことが、このプログラムにおいて重要なポイントとなっている。

漢方薬やぜいたく品のための違法な野生動物の取引は、毎年100億〜200億ドルにのぼると見積もられており、アジアやアフリカなどにおける動物の悲劇的な激減の要因になっている。この計画は、東南アジアやインド、アフリカのサハラ周辺地域といった野生動物の生息地域の宗教指導者たちに働きかけており、とくに中国での消費や需要に焦点を当てている。

多くの宗教の指導者からの反応は、どれも肯定的なものであった。

2012年9月、ケニアのナイロビで開かれた会議には、ARCやWWFとともに50人のアフリカの宗教指導者が参加し、注意喚起と行動を起こすことで違法な取引に立ち向かうことを約束した。

さらに２０１４年３月には、インドネシア・ウラマ協議会（ＭＵＩ）がイスラム教徒に対し絶滅危惧種を守るために行動することを求めるファトワー（イスラム法学上の勧告）を出した。ＭＵＩがインドネシアの２億人のイスラム教徒にとって最も権威ある組織であることから、このファトワーはサイやトラ、ゾウが生息する国に多大な影響を与える強力な意思表示となった。なお、インドネシアは世界最大のイスラム教人口を擁する国である。

野生動物の危機と森林

世界中の動物たちが狩猟の対象とされ、絶滅の危機に瀕している。例えば、野生のトラは現在３０００頭ほどしかおらず、そのほとんどは動物園で生きているのが現状だ。動物たちが狩猟の対象となる理由の多くは、治療薬として効果があると信じられている体の部位を採取するためである。また、ゾウは宗教的な像や飾りを作るために象牙を採取する目的で殺されてきた。

野生動物と森林プロジェクトは、違法な狩猟と取引の対象とされているこれらの動物を守るため、主要な団体とともに信仰や宗教を通じ、アフリカのサハラ周辺地域やインドネシア、アジアにおける野生動物の保護に力を注いでいる。

このプロジェクトは、野生動物の生息地を保護する意味で、森林にも大きな注意を払っている。例えば、トラの保護に注力しているインドでは、トラの生息地近くで活動する宗教組織とともに森林公園の保全を支援している。これはトラだけでなく、公園周辺に生息する他の野生動物を保護することにもつながる。

漢方医学に関する道教の取り組み

野生動物と森林プロジェクトでは、さまざまな地域で宗教者たちと連動した活動を行っている。なかでも効果を上げたものとして、中国での道教の活動がある。

漢方医学には、道教の教義とともに発達した２０００年の歴史がある。しかし、その処方薬のなかには、ある種の野生動物に壊滅的な影響を及ぼすものもあった。例えば、トラ、サイ、クマの体の一部は、精力増強などに効能があるとされている。このことが、これらの動物の密猟を生み、いくつかの種が絶滅寸前まで追い込まれたのだ。こうした希少種を絶滅から守るためには、漢方医と患者の心を動かす必要があった。

道教では、宇宙には「陰」と「陽」の対立する二つの自然の力が働いていると考えられている。陰と陽の対立と転換のうちに天と地と人が生まれ、「気」が生まれ、すべての生物が生まれる。万物は、人間も含めて「気」という生命の力によって動かされていると道教は説いている。

漢方医学では、こうした道教の理論に基づいて、病気は陰陽のアンバランスと「気」の乱れから起きるもので、病気を治すには「気」のバランスを自然な流れに戻さなければならないと考えられている。

１９９１年、中国道教協会は、環境保護団体や中国政府の働きかけにより、「均衡の法則に違反する処方を行う漢方医を破門する」という布告を出した。そして、絶滅危機に瀕している種を保護するため、道教の学者や医者たちは膨大な古代医学の文献を調べ、伝統的な処方による代替案を示すことで、漢方医たちの心を動かしたのである。

こうして、道教の教えのなかに「漢方医学は、宇宙の豊かさの上に成り立っている」「豊かさとは、多種類のことである」「希少な種を危険にさらしたり、動物を不当に苦しめたりするような医学は、必ず立ちゆかなくなる」という、伝統に根ざしながらも現代の課題に対応する新たな哲学がもたらされたのである。

3　教育と水プロジェクト

ＡＲＣは、世界中のさまざまな信仰に基づく学校で行われる「水と衛生」に関する諸問題についての環境教育プログラムの開発に協力している。

この重要な活動は世界的に大きな影響を与え、ユニセフが子供たちのために活動する宗教団体と共同で提出した２０１２年のレポートの「水の衛生設備と衛生」のパートに反映されている。ＡＲＣの教育と水プロジェクトは、ＥＭＦ（環境管理基金）、世界銀行、ノルウェー政府およびユニセフとの共同事業である。

信仰に基づいた学校教育

学校はすべての宗教にとって支柱となるものだ。世界の学校の50パーセントは信仰と関わっている。そのなかには、宗教的な思想に基づいた学校もあれば、子供たちが大人になる準備をするための、より一般的な学校もある。

信仰に基づいた学校は、環境や水の保全、衛生や健康について教えるだけでなく、子供たちが学んだことを実践できる場所でもある。このような学校で教育を受けた子供たちは、自分たちの共同体に大きな変化をもたらすことができる。だからこそ、信仰に基づいた学校が子供たちに水資源や環境に関する問題に取り組むように教えることは、とても大切なのだ。

世界中には何千、何万という信仰に基づいた学校がある。それらの学校は地域、国、国際的ネットワークなどとの幅広いつながりを通じて運営されている。例えば、アフリカのサハラ周辺地域で１００校を管轄している英国国教会、インドネシアの地方で数百の寄宿学校を運営するモスクのネットワーク、南アメリカで学校を運営するカトリックの集団、インド・パンジャブ地方のシーク教徒の学校ネットワークなどである。

それぞれの宗教で教育活動を行っている組織は、日々の学校運営に多大な役割を果たし、子供たちの教育に大きな影響力を持っている。この教育と水プロジェクトは、ＡＲＣが環境教育プログラムを通じて支援しようとしている次世代に向けた活動のなかで代表的なものである。

水について学び、実践する学校

多くの宗教において、水は核心となる存在だ。体を洗い、清めるという水の二つの機能は至高の聖なる状態をもたらす。そして、学校における飲用、手洗い、水洗、掃除、学校給食の準備、清潔なトイレの提供は、子供たちを健康に保つうえで非常に重要だ。

こうしたことから、信仰に基づいた学校は水に関する問題を考える場として最適であるといえる。学校は水の宗教的価値観に関するメッセージが理解される場所であり、健全な水の扱い方を身につけ、実践できる場所なのだ。

水の学校プログラムはＡＲＣと環境管理基金（ＥＭＦ）の合同プロジェクトで、２００９年７月にイギリスのサリスベリーで開催された「水の信仰」会議から生まれた。

ＡＲＣは現在、ユニセフ、アメリカ・メリーランド州ボルチモアの新詩編バプテスト教会と共同で、世界中の「ウォッシュ・イン・スクール」プロジェクトが行われている学校を世界地図に示し、情報を共有するウェブサイトを運営している。「ウォッシュ・イン・スクール」は、学校で安全な飲み水、衛生施設を供給し、健康促進につなげるプロジェクトである。

4 アフリカ・プロジェクト

ＡＲＣは長期にわたり、アフリカで活動を展開してきた。

アフリカでは人口の90パーセントの人々が自分はキリスト教徒かイスラム教徒であると自認している。

アフリカの宗教団体は、宗教者の責任として環境保護活動を推進しようとしている。環境を保護することは、神の創造物を大切にするということだからである。その結果、彼らは地域社会の意識向上や持続可能な土地と水の管理、植林、環境教育や持続可能な農業に取り組むようになった。

ＡＲＣはアフリカ・サハラ近郊地域の11か国、カメルーン、エチオピア、ガーナ、ケニア、ナイジェリア、ルワンダ、南アフリカ、スーダン、タンザニア、ウガンダ、ジンバブエで、25以上の宗教パートナーと協力している。

以下に、アフリカの宗教パートナーがこれまでに取り組んできた活動や現在進行中のプロジェクトの例を挙げてみよう。

アフリカ宗教者による長期的環境活動

2012年9月、キリスト教、イスラム教、ヒンドゥー教の27の宗教組織が、アフリカの宗教者による長期的な環境活動を開始した。

生きている地球を守るためのこの活動は、ナイロビにおいてARCと全アフリカ教会協議会との共催によりスタートした。このプロジェクトは世界銀行とノルウェー外務省の財政支援を得ており、以下のような計画が含まれている。

- アフリカ全土に数百万本の木を植樹すること
- 環境保護の必要性と地球温暖化を抑制するための意識向上キャンペーンの実施
- アフリカの全学校の半数以上を占める宗教立学校において、または地域社会や女性団体、青年ネットワークを通じての広範な環境教育を実施すること
- 持続可能な農業の実施
- 水源と健全な土壌の保全の推進

ARCはこれまでに、これらの計画の概要を記した本や、アフリカのサハラ近郊地域で環境を守るために活動している宗教者の写真や物語を収めた本を出版している。

信仰に基づいた農業

気候変動を原因とする土地の浸食、収穫量の減少、不安定な降雨によりアフリカ全土の農業が危機に瀕している。そのために農業を営む人々は混乱し、絶望している。

アフリカ全土における農業に変革をもたらす大きな可能性を持つのは、信仰に基づいた農業である。そのために、ＡＲＣはキリスト教徒やイスラム教徒の組織と協力すると同時に、自然環境と生物多様性を保護し、より多くの食物を生産し、生活を改善するための支援を行っている。

ＡＲＣは、キリスト教徒の組織が神の方法による農業について学ぶ活動に対して支援を行っている。また、２０１４年3月には、イスラム教徒の農家のためにイスラム農業のカリキュラムも開始した。これはイスラム教の信仰に基づいた環境保護農業としては初めてのカリキュラムである。

環境教育と宗教学校

ＡＲＣはサハラ近郊地域のアフリカにおける環境教育プログラムの開発を支援している。２０１３年、ケニアにおいてＡＲＣは「持続可能な開発のための教育」（ＥＳＤ）の一環として、環境教育に宗教的価値観を取り入れた最初の教員用教材を作成した。ＥＳＤは健康で自然と調和した生産的なライフスタイルへと導く技術を人々に身につけさせるために、教育を変革させる世界的な運動である。

5 価値観の探求プログラム

データと知性を信奉する社会において、「価値観の探求プログラム」は重要でユニークな活動だといえる。このプログラムは世界に意味をもたらす価値観や物語を精査し、焦点を当てるもので、それは私たちが暮らしたいと考える世界をつくり上げるために大きな刺激となる。人々の行動や考え方を動機づけるのは、その人が持つ価値観や物語によるところが大きいからだ。
ＡＲＣとローマクラブ（スイスに本部を置く民間のシンクタンク）が先導する「価値観の探求プログラム」は２０１４年６月、日本の伊勢で開催される会議で、国連開発計画総裁特別顧問のオラフ・ショーベン氏が正式に立ち上げた。このプログラムは、国連の２０１５年以降の「持続可能な開発目標」の策定に役立てられることになっている。「持続可能な開発目標」は、国連が２０１５年までに達成するべき目標として掲げた「ミレニアム開発目標」に代わり、すべての人々にとって安全で持続可能な未来に向けての指針を示すものだ。

持続可能な未来の目標についてはこれまで経済や政治の面から議論されており、人間の感情とは切り離されていた。一方、文化、創造、そして価値観プログラムは、私たちの存在を形づくっている価値観や物語の精査・実践をすることにより、こうした目標設定に大きな変化をもたらす。このユニークな枠組みを当てはめることで、開発目標は私たちの生活規範となっている根本的な意味と関連づけられる。そして、今日の世界が伝統的な叡智の枠組みの外側で直面している諸問題について考えるうえで、感情や価値観という視点が加えられることになる。個人が自分の価値観について意見を寄せ、参加することで、より広範に世界中のさまざまな文化圏の人々を動機づけられる。このプログラムは「世界をどのように変えるか」だけでなく、「なぜ変えたいのか」を問いかけるものだ。

オラフ・ショーベン氏は、「このプログラムでは、さまざまな価値の根源になっているものは何なのかを追い求めます。そして、芸術、信仰、メディア、科学、スポーツといった独自の価値観に基づいて成立している分野を、次の開発計画についての世界的な会話に巻き込むことで開発計画を豊かにし、いかに実現していくかを議論するよう仕向けるものです」と述べている。

この計画では、芸術、信仰、メディア、科学、スポーツといった分野を代表する人々と協力して、それぞれの分野の根底にある価値観について理解を深めていく。そして、こうした価値観を反映させた人々が安心できる21世紀を実現すべく、必要な変化を社会にもたらすことを目的としている。

ARC事務総長のマーティン・パーマー氏はこの計画について、「国連はいまだかつて世界の価値観や物語の文化に対して、世界を良くするために『何をするべきか』という問いも、『どうやってできるか』という問いもしたことはありませんでした。そして、より根本的な『なぜそうするのか』という問いも、です」「この計画は、信仰、芸術、スポーツ、メディア、科学といった分野の発信者として、より良い世界をつくろうとしている何億もの人々の多大な奉仕と情熱によって成り立ちます」と述べている。

第2章

神道と環境問題

神道のなりたちと自然観

神道は、一般的に日本古来の固有の民族宗教といわれる。そして、仏教やキリスト教などと異なり、神道にはいわゆる教義がない。したがって、「これが神道である」とは断定しづらい面もある。神道は、一宗教というよりも、より広い日本人の生活様式や考え方と結びついてきた信仰といえるだろう。

今、日本人が意識・無意識のうちに抱いてきた神道的な自然観が、世界で驚きをもって迎えられている。そこで、世界の宗教における神道の特徴や神道における神についての考え方、そこから育まれてきた神道の自然観とはどんなものなのかをおさえておこう。

教義をもたず、布教をしない

仏教やキリスト教と異なり、神道には開祖・教祖もなく、いわゆる教義・教典がない。これは仏教やキリスト教、あるいは同様の教義的宗教とは非常に異なる点である。教義的宗教では、宇宙の創造や未来の予言、死後の世界に関する教えがある。しかし、神道ではこうしたことについての明確な決まりはない。

教義的宗教では戒律を定め、信者に正しい行いを義務づけ、正しくない行いを禁止する。一方、神道には「浄明正直《じょうめいせいちょく》」、つまり「浄《きよ》く、明るく、正しく、直《なお》く」といった倫理観を示す言葉はあるが、具体的に何が正しく、何が不正であるかを示す行動規範は定められていない。一人ひとりが内側から何が正しいかに気づき、理解すべきものとされている。

さらには、教義的宗教が積極的に布教活動を行い、信者を増やすことに力を注ぐのに対し、神道は積極的には布教をしてこなかった。

こうしたこともあり、日本では古来の信仰である神道と6世紀半ばに大陸から伝播してきた仏教とが長らく共存してきた。

神道の起源

日本はアジア大陸の東に位置し、その国土は東北から西南にかけて細長く並ぶ北海道・本州・四国・九州と大小約７０００の島々で構成され、狭いながらも海・川・山・谷・平野があり地形の変化に富んでいる。そして、国土総面積の約70パーセントが森林で覆われている緑豊かな国土である。また、気候は南北で差はあるものの一年を通じて比較的温暖で、およそ3か月ごとに春・夏・秋・冬と季節が移り変わる。

このような地理的・気候的条件が日本人の深層心理、神や自然の捉え方にも大きな影響を及ぼしたといえる。日本人の祖先は、はるか太古の時代より人知を超えて多くの恵みを与えてくれる山、川、海、森などの自然界のものに霊性を感じ、それぞれに畏敬と感謝の念をもって接してきた。

このように自然界のあらゆるものが神であるという日本人の神観念に基づいて自然に発生したのが神道である。神道には日本土着の信仰だけでなく、アジア一帯に広く見られる太古のシャーマニズム的なものも反映していたとも考えられている。

その信仰は弥生時代以来、3世紀に始まる古墳時代を通してしだいに形づくられたと考えられている。古墳時代に形成された祭りの内容は7世紀末ごろから8世紀初頭に制度化され、現在の神道につながる内容が整えられてきた。8世紀初頭に成立した『古事記』や『日本書紀』、各国の「風土記《ふどき》」などに収録された神話では、こうした祭りについての起源が語られている。

神道の神

神道では、あらゆる自然の存在、動物や植物、さらには太陽、月、水、風、石や滝などにも魂があると考えられており、「八百万《やおよろず》」といわれるほど多くの神々を信仰の対象としている。朝廷の命により8世紀初頭に編纂された日本現存最古の歴史書である『古事記』『日本書紀』では、神々の物語が語られている。これによると、国土や民族の起源について、天地のはじめの混沌としたなかに神々が生まれ、その最後に生まれた男女二神が夫婦となり、その間に国土や自然、日本人の祖先などの神々を生んだとされている。

明治以降、キリスト教の「Ｇｏｄ」も「神」と翻訳されるようになったが、神道の「カミ」と「Ｇｏｄ」とでは、その意味することに大きな違いがある。Ｇｏｄは全知全能の神であり、万物の創造主である。一方、日本の神話では、神々は決して全知全能の神ではなく、神々が有するそれぞれの力を発揮し、補い合って、世界を生み出す姿が描かれている。そして、自然界のあらゆるものに宿る神々の働きによって、世界のバランスが保たれていることが印象づけられている。

また、日本の神々のなかでは天照大御神《あまてらすおおみかみ》が最も貴い神とされてはいるが、唯一絶対神とする観念はなく、他の神々との間に明確な優劣は存在しない。人と同じように神々にも個性があり、それぞれの神が有する個性を「ご神徳」として信仰している。

そして、神話は人々が自然の土地を開発するとき、その土地の神々を必ずお祀りすること、決して侵してはならない神々の領域があることを教えている。

神道と自然

日本人は古来、国土も自然も人々も神から生まれた子であり、お互いに助け合って生きるものと捉えてきた。神道では、山川草木などの自然も人々と同様に生命ある尊い存在として「畏敬と感謝の念」をもって接すべきものとされる。

自然や人間の生命を生み出す力は「ムスビ」と呼ばれ、自然界のあらゆる活動のなかに見出《みいだ》されていた。自然のなかに神々を見出していた日本人は、自然と調和し、自然と結びついた生活をしていた。そして、山々の頂や深い森、広い海は神々の住む世界と考えられていた。巨樹や巨岩などは、しばしば神々の依りつく「依り代《よしろ》」とされ、このような巨樹や巨岩は「ご神木」や「磐座《いわくら》」として神社の境内地などによく見られる。

このように、山や森は神々の鎮まる場所であり、日本人は自然を敬ってきた。そしてまた、日本人は山からさまざまな恵みを得てきた。第一に挙げなければならないのは水である。山は雨や雪をたくわえ、清らかな河川水や地下水として、人々が生活する里へと供給している。水は山の神々からのいただきものであるとも考えられた。また、山は動植物の宝庫である。さまざまな野生動物が生息し、山菜、果樹、薬草、そして多種多様な木材資源を人々に供給してきた。人々にとって、山は生命の源でもあるのだ。

日本は四方を豊かな海に囲まれた国でもある。かつて沖合に出漁した漁師にとって、山は自らの位置を確認できる道標であった。彼らは遠方の山々を仰ぎながら漁に励み、港へと帰っていった。海の民にとっても山は聖なる存在だったのである。

その一方、山は気象の変化が激しく、時には人々に猛威を振るってきた。人を寄せつけない火山や断崖絶壁は人知の及ぶものではなく、人々は山の持つ力に畏敬の念を抱き続けてきた。そのため、山で暮らす人々も常に規範と節度をもって山に参入してきた。たとえ権力者であっても神々の領域を侵すことはなかったのである。

共同体と神社

神道において米は神聖でかけがえのない食物として扱われる。神話のなかで神から日本人に与えられたのが米なのである。

古代より近代まで、日本では稲作を中心とする農耕社会が営まれてきた。こうした社会では、人間同士の協力はもちろん自然界の要素すべてが一体となり、それぞれが役割を担うかたちで特性を発揮し、互いに足りないところを補い合って協同しなければ生活が成り立たない。こうして相互の協同があってこそ共同体や社会全体が繁栄できるという考えが生まれ、神々や国土、自然、自分以外の人々を敬い、調和を重んじる意識が形成された。

こうした共同体が「村」となり、人々は村を取り巻く自然を象徴する神をお祀りする神社をつくり、ことあるごとに神社に集まって協議し、共同体の問題に対処してきた。神は常に村や村に属する人々の近くに存在し、豊かな収穫というかたちで人々に恵みをもたらした。そして、人は死ぬと祖先の神となり、村の人々や土地の守り神となるとも考えられた。農耕や漁業などの生活基盤に基づいた共同体では、それぞれの土地の人々が共同生活を営むために神を祀り、やがて社殿などが設けられ、多くの神社がつくられるようになった。

そして、神社では稲作と結びついた祭りが行われるようになった。新年や田植え、秋の収穫感謝のお祭りなど、日本では各地域で季節ごとに稲作に関連したお祭りが行われている。加えて、神社では地域の神のお祭りや、お宮参りや七五三、成人式といった人生儀礼も行われており、近代には結婚式も神社で行われるようになった。また、家庭や仕事場などには神棚が設えられ、お札が祀られる。

現在、日本国内には神社が約８万社ある。神社を象徴するのは「鎮守の森」と呼ばれる森である。神々は森に招かれ、地域の人々に守られ、そして人々は神々に守られるという相互関係にある。共同体が神を守ることは、森林生態系を保全することにもつながった。神域の草木を折ったり、動物や虫を殺したりすると「バチがあたる」と日本人は幼いころから教えられる。こうしたことが、神社を中心とする地域の自然環境を結果的に保護することになったともいえる。

たとえ都会の喧騒のなかにあっても、神社は地域のなかで異空間を提供している。人々は聖域への入り口を示す鳥居を潜り、常緑樹に包まれた神域に足を踏み入れ、手水舎《てみずしゃ》で手と口をすすぎ、参道に敷かれた砂利を踏んで神社へ参拝する。神社は聖域であると同時に、人々が散歩したり、近所の人たちと会話したりする日常的な憩いの場所でもある。

また、神社は伝統的に木造の社殿が多く、定期的な修理や建て替えには地域の人々の協力が必要だ。そのため、地域の活動や人々の生活が地元の神社と結びついてきたという側面もある。

調和と清浄

神道では、武力や争いで事を決するという考え方はない。世界の調和という神々の意思を受け、あくまで話し合いによって物事を決めていくという進め方が重んじられている。また、「禊《みそぎ》」「祓《はらえ》」という言葉が重視され、清浄が尊ばれる。禊と祓は、知らず知らずのうちに身についた「穢《けが》れ」を祓うことや、共同生活を営むうえで害になるような「罪」を贖《あがな》うことに主眼が置かれている。その姿勢は神社でのお祭りのときのお祓いや、神社を参拝する際に水で手や口を清める「手水《てみず》」などにも表れている。

このような考え方は今まで述べてきたようなことと相まって、日本人の自然観の形成に大きな影響を与えている。つまり、不浄を嫌い、いたずらに自然に闘いを挑むことに畏れを抱く感覚である。

伊勢の神宮

八百万の神々のなかでも最高神とされるのは、万物を育む太陽にもたとえられる天照大御神だ。天照大御神は皇室の祖先神であり、すべての日本人を守る日本の総氏神《うじがみ》である。

その天照大御神を祀るのが、三重県の伊勢の神宮だ。一般的には「伊勢神宮」「お伊勢さん」などと呼ばれることも多いが、正式名称は「神宮」であり、他の神社とは一線を画す唯一無二の存在だ。神宮は、天照大御神を祀る内宮《ないくう》（皇大神宮《こうたいじんぐう》）、豊受大御神《とようけのおおみかみ》を祀る外宮《げくう》（豊受大神宮《とようけだいじんぐう》）をはじめとする１２５社の総称である。

神宮では、20年に一度、ご社殿を建て替えて神様にお遷りを願う「神宮式年遷宮《しきねんせんぐう》」といわれるお祭りを行っている。このお祭りは7世紀に始まり、戦乱などで中断を余儀なくされた時期がありながらも、現在まで続けられている。式年遷宮ではご社殿を新たにするだけでなく、さまざまな「神宝」といわれる御料などもつくりかえられる。そのため、伝統的な建築・工芸技術の保存継承にも役立っている。

式年遷宮とは、最初に神が祀られた「始源の時」を繰り返し再現することで、その永遠性を象徴し、神威の一層の高まりを願うものだ。近年では平成25年（２０１３）に第62回神宮式年遷宮が行われた。

神宮の社殿は多くの神社建築と同じく木造であり、遷宮には檜《ひのき》など多くの木材を必要とする。将来を見越して、神宮では境内地の山に植林・造林を継続的に行い、森を育てている。宮域林から流れてくる豊かな水は、参拝者の心身を清め、神宮の持つ「神田《しんでん》」や「御園《みその》」では稲や野菜を育てている。そして、神田や御園で収穫された米や野菜は、日々の神々のお食事として供えられる。

このような神宮の自然の循環システムは、自然の一部である人間が自然とともに生きることの範となるものであり、環境問題にいかに対峙すべきかを示唆しているともいわれる。また、神宮式年遷宮のなかでは、樹木の伐採前から丁重なお祭りが繰り返され、樹木や森に対する畏敬と感謝の念が表される。さらに、社殿に使用された樹木は20年で廃棄されるのではなく、全国の神社などに下賜され、可能な限り再利用されている。

そして、この式年遷宮というシステムは、神宮のように20年ごとにすべてを一新するという形態でなくとも、ご社殿の修理や建て替えというかたちで全国の神社で同じように行われているのである。

神道による環境保護活動

神道の自然観が「自然環境を守るカギとなる考え方」として世界で注目されている今、神道の立場からも、自然に対する畏敬と感謝の念が世界に共有されるよう呼びかけ、情報を発信している。これまでに神社本庁が国内外で参加してきた自然環境に関する会議や、行ってきた提言、プロジェクトや活動などについて紹介する。

神道と日本の森林問題

林野庁による平成24年3月31日付の統計によれば、日本の国土面積における森林率は67パーセントである。これは、他のどんな近代化された国よりも高い数値だ。かつての日本の村は、水田や畑、薪を採取する森林に囲まれ、森林は地元の人々によって管理されていた。このように、人々が住む生活空間に隣接し、人の手によって管理される森や山を「里山」と呼ぶ。森林管理は日本の伝統的な技術と知識であり、日本人の叡智であった。

しかし、現代の日本ではこうした叡智と共同体はバラバラになりつつある。農村では人口が流出し、もはや適切に管理されずに放置されている森林も多い。より安価な輸入木材が利用される現在では、手間もお金もかかる森林管理はなされず、植林もあまり行われない。近年、こうした森林の状況が地滑りや河川の氾濫などの自然災害を引き起こし、日本の農村経済を窮地に追い込んでいる。

先人の自然との関わり、森林との関わりを思うとき、今日、日本各地で問題となっている環境の破壊・荒廃は日本人の信仰の問題でもある。このような問題意識のもとに、全国の多くの神社を包括する宗教法人である神社本庁は、神社を囲む「鎮守の森」を守る立場から、次のような活動プランを実行している。

◆植樹勧奨

日本では、豊かな国土の基盤である森林・緑に対する国民的理解を深めることを目的として、終戦間もない昭和25年（1950）より毎年春季、天皇・皇后両陛下ご臨席のもとに全国植樹祭が執り行われてきた。神社本庁ではこの全国植樹祭に併せて、各地の神社においても植樹祭を斎行し、植樹を通じて国土緑化に努めるよう働きかけてきた。今後も、神社を中心とした植樹活動がそれぞれの地域で実施され、定着するよう呼びかけてゆくとしている。

◆鎮守の森保全運動

戦後、日本では経済復興が軌道に乗るとともに都市化が進み、神社の周囲の環境も大きく変化してきた。それは経済発展の象徴ではあったが、神社の周囲に幹線道路やビルが出来たことで、鎮守の森にもさまざまな影響が現れてきた。

高度経済成長期は大気汚染が深刻な問題であった。森の周囲がコンクリート化して雨水が土壌に浸透せず、地下水位が低下するなど乾燥化が進行することによる植生の変化は今も続いている。また、都市開発にともない、神社の土地を道路用地などに提供することを余儀なくされることもある。森の景観が周囲のビルによって遮られ、鎮守の森のランドマークとしての機能が失われてしまった神社もある。

神社本庁ではこれまで、失われつつある鎮守の森の役割を回復させてゆくため、また、地域の自然環境の指標という新しい役割を見出してゆくため、民間の基金を活用して神社が資金援助を受け、植樹活動を大きく展開してゆけるよう取り組んできた。

平成23年の東日本大震災以降は、津波で被災し失われた鎮守の森を取り戻し、地域の心とコミュニティーの再生を図り、さらには鎮守の森が将来、「地域を守る森」という新たな役割を担う森へと再生されることを目指し、植樹活動を推進している。

◆鎮守の森での教化活動

日本人にとって「鎮守の森」とは心のふるさとであり、子供たちが郷土を愛する心を育み、郷土の自然に直接親しむ場でもあった。しかし、現代の子供たちの生活環境は一変した。塾やテレビゲーム、パソコンなど、何をするにも活動の場所は屋内が多くなり、遊びの対象も電子化、デジタル化している。

神社本庁では、神社における青少年活動を推進するため、鎮守の森でのレクリエーション活動など、その具体的なカリキュラムの実践と普及に努めている。神社での青少年活動は、子供たちが鎮守の森や地域の文化に触れ、郷土の歴史を学び、宗教的情操を養うための有効な機会である。神社本庁は多くの神社でこのような活動が地域の人々とともになされるよう、継続的な研修会の実施などに取り組んでいる。

◆啓発広報活動

ひとくちに「鎮守の森」といっても、その姿はさまざまである。山村・沿岸・都市域などの立地条件の違い、落葉樹林帯・照葉樹林帯という植生の違い、また、人々の関わり方の違いによってまったく異なる。構成する樹種も、日本の代表的な照葉樹であるクスノキ・カシ・シイを中心としたもの、ケヤキ、ナラ、クヌギなどの落葉樹を中心としたもの、スギ・ヒノキ・イチイ・カヤなどの常緑針葉樹が混ざったものなど千差万別といってよい。しかし、それらが祖先の時代から継承されてきたことで地域の人々の精神的なよりどころとなり、それぞれの鎮守の森と関わることで日本人の森林観や自然観が育まれていったことは確かである。

ところが、残念なことにこうした鎮守の森に対する意識は日本人から少しずつ失われつつある。人間社会に有用な森林としての意識はあっても、それが信仰的な存在であるという意識が欠落しつつあるといってよいかもしれない。

神社本庁では、自然と人間の関係が危機にある今日、鎮守の森に対する意識啓発を積極的に推し進めていくことを考えている。そして、日本人の信仰、暮らし、歴史、文化の視点から鎮守の森に対する国民の理解を深めてゆくことを広報活動の柱に据えている。また、鎮守の森を通じて日本の森や山や海の現状、世界各地の聖なる森の存在、そして多様な民族の文化の母胎である世界の自然環境の現状にも思いが及ぶよう、世界の宗教団体と意識を共有しながら、さまざまな媒体を通じて情報発信に取り組んでいる。

仏教界との共同提言

平成24年（2012）6月、天台宗、高野山真言宗とともに神社本庁が主催する伝統宗教シンポジウム「宗教と環境」が京都で行われた。

このシンポジウムは、伝統宗教が受け継いできた叡智や祈りなどの日本人の精神性の起源を辿るなかで、問題解決へのきっかけを探るという趣旨から、仏教の二宗派と神社本庁の三つの宗教団体により主催された。また、平成23年に起こった東日本大震災による津波被害や原子力災害、異常気象による風水害の多発について、「宗教者をはじめすべての人々に、自然環境や現代文明といかに向き合うべきかを問いかける」との意図から企画された。

そのなかで、神社本庁は天台宗、高野山真言宗との初の共同声明を発表した。「自然環境を守る共同提言」と題した提言は次のようなものである。

「自然環境を守る共同提言」

私たちは近代以降の科学技術の急速な革新により、物質的に恵まれた日常生活の実現が可能となりました。その結果、現在地球上の資源が枯渇に瀕し、大気汚染が進み、異常気象が常態化する事態を招きつつあります。

今後の生活に危機的な状況が差し迫っているにもかかわらず、私たちは長年にわたり慣れ親しんだ、地球上の有限な資源の大量消費、限りなき自然破壊をもたらす生活のあり方を、今日まで改めることなく継続してきました。

このような状況下、昨年三月に東日本を襲った大地震、大津波、それに伴う原子力発電所の大事故を経験し、ようやく従来の生活態度を根本的に変革することなくして、私たちに希望ある未来は約束されないと気付き始めました。

日本人は古来、民族固有の神祇《じんぎ》信仰によって、山川草木のいたる処に神々の存在を感じ、自然と共存して豊かな生活を得てまいりました。

私たち地球に住む人類や動植物が末永く、豊かに生きるためにも、天地万物に神仏が宿るという教えを共に持つ天台・真言の両宗と、神社神道とが、互いに宗派の垣根を越えて協力しあい、中核となってその輪を広げ、世界の人々に、あくなき自然破壊の阻止と、日常生活の根本的な見直しを、積極的に働きかけてまいりたいと決意し、このことを共同して提言いたします。

平成24年6月2日

天台座主　半田孝淳

高野山真言宗管長・総本山金剛峯寺座主　松長有慶

神社本庁総長・石清水八幡宮宮司　田中恆清

第3章

伊勢から世界に発信された日本人の価値観

聖地・伊勢に世界の宗教者が集まる

平成26年6月2日から4日にかけて、三重県伊勢市の神宮会館を主会場に、神社本庁とARC（宗教的環境保全同盟）との共催による「神社本庁ARC伊勢会議」が開催された。「未来のための伝統～持続可能な地球のための文化、信仰、そして価値観」と題されたこの会議には、ARCに加盟する宗教団体や国連関係者、環境保全活動に従事する国際機関の関係者ら約60名が参加し、テーマ別のプロジェクト会議や討論が行われた。

このうち、第62回神宮式年遷宮の記念事業として神社本庁の主導で開かれた「自然環境シンポジウム」では、日本人の自然観や神宮の森について紹介する特別講演、パネルディスカッションが行われた。

その内容については次項以降に載録するが、その前に伊勢でこのような会議が開かれた経緯や会議の概要について紹介しておこう。

伊勢の地での国際会議

ＡＲＣではこれまでにイギリス、ネパール、スウェーデン、ノルウェー、アフリカ各国などで、宗教団体や国連関係者、環境保全活動に従事する国際機関の関係者を交えた数々の国際会議を開いてきた。神社本庁は平成12年（２０００）にネパール・カトマンズで開催された会議に初めて参加し、これを機に正式にＡＲＣに加盟した。そして、平成19年（２００７）にスウェーデン・ヴィズビーで開催された会議において、ＡＲＣの加盟者を伊勢の地に招待する計画を発表した。

その背景には現在、とくに29ページで紹介した「巡礼地緑化ネットワーク」の活動において、日本人の自然との関わり方が注目されていることがある。神社本庁は巡礼地緑化ネットワークの創唱団体の一つであり、巡礼地の持続可能性を考える指針として伊勢はふさわしい場所である。なぜなら、伊勢の神宮は日本人にとって神話の時代からの神祀りの心を未来に伝える大切な祈りの場であると同時に、その営みを通じて自然と人間との関わりのあるべき姿について多くのことを世界の人々に語りかけているからだ。伊勢の神宮には約２０００年にわたって天照大御神《あまてらすおおみかみ》が祀られており、20年に一度、木造の社殿を建て替えて神様にお遷りを願う「神宮式年遷宮《じんぐうしきねんせんぐう》」のため、持続可能な森林管理が実践されている。

神社本庁が伊勢会議の計画を発表した時点では、すでに第62回神宮式年遷宮の一連の諸祭儀や行事が始動していた。そして、平成25年（2013）秋に、天照大御神を祀る内宮《ないくう》（皇大神宮《こうたいじんぐう》）、豊受大御神《とようけのおおみかみ》を祀る外宮《げくう》（豊受大神宮《とようけだいじんぐう》）において、大御神に新しいお宮にお遷りいただく最も重要な祭儀「遷御《せんぎょ》」の儀が行われることが予定されていた。その翌年にあたる平成26年に伊勢の地で会議を開くことで、世界のさまざまな宗教者や国際機関の関係者らに、実際に自然とともにある神宮の姿やその営みに触れてもらう機会にしようと考えたのである。そして、これは神社本庁が主催する初めての国際宗教会議となった。

伊勢会議で語られたこと

3日間にわたる会議の初日、6月2日に行われた開会式では、伊勢会議に寄せられたイギリスのフィリップ王配殿下とチャールズ皇太子殿下からのメッセージが紹介された。フィリップ王配殿下からのメッセージでは、神社本庁がＡＲＣに参加した経緯が当時の神宮大宮司《だいぐうじ》との懇話だったことに触れ、「実り豊かな協力のはじまり。それが育ち、発展して伊勢でのこの特別な行事となった」と述べられていた。また、チャールズ皇太子殿下からのメッセージでは、式年遷宮について「各世代に対して過去の素晴らしい価値観が伝えるものや、未来をどのように形づくるかを教えてくれる、この上ない例」「この伝統的な手法を後世に伝える叡智だけでなく、伝統的な日本建築の目を見張る美しさについても、さらにその価値が認められるようになることを願ってやまない」と述べられていた。

翌3日には、神社本庁が第62回神宮式年遷宮記念事業として主催する「自然環境シンポジウム」が神宮会館大講堂で行われ、ＡＲＣや国連の関係者、全国の神社関係者など約１０００人が集まった。同シンポジウムは、日本人の自然観・価値観・共同体意識を見つめ直し、自然と人との関係によって形成されてきた日本の地域社会の姿を明らかにするなかで、世界での自然との共生の可能性を提示することを趣旨としたもの。

主催者代表として挨拶に立った神社本庁総長の田中恆清《つねきよ》氏は、「世界的規模で環境問題が危惧される今こそ、日本人が伝えてきた精神的価値観を再考するとき」と述べた。次に歓迎の挨拶を述べた神宮大宮司の鷹司尚武《たかつかさなおたけ》氏は、遷宮のためのご用材を伐り出す御杣山《みそまやま》の歴史やご用材確保の取り組みについて紹介し、「古くて新しい神宮」を特徴づける神宮式年遷宮について解説した。

その後の特別講演では、皇室から三笠宮家の彬子《あきこ》女王殿下がご登壇、「自然に生きるということ」と題した特別講演を行われた。神宮に祀られる天照大御神は皇室の祖先神であり、彬子女王殿下のご講演は伊勢会議において、まさに特別なものとなった。

続いて、高野山真言宗管長の松長有慶氏が「環境問題を仏教の視点から考える」と題して特別講演を行い、日本仏教の独自性やその自然観について語った。

その後のパネルディスカッションでは、田中総長をコーディネーターに、神宮禰宜《ねぎ》の小堀邦夫氏、東京大学大学院教授のロバート キャンベル氏、松長氏がパネリストとして登壇。共同体に見る日本人の自然観、環境問題克服に向けての価値観の提示などについて意見を交換した。

4日には、参加者が発題と討論を行うセッションが神宮会館大講堂で行われた。冒頭、国連開発計画総裁特別顧問のオラフ・ショーベン氏から、「持続可能な開発計画」における開発目標について発題があった。これについて田中総長は、「日本人は形あるものは必ず壊れるという考え方のもと、1300年の間、神宮式年遷宮という伝統を続けてきた」とコメントを述べ、こうした仕組みや考え方が「持続可能な開発」の参考となることに期待を寄せた。ARC事務総長のマーティン・パーマー氏は、「宗教を基盤とした持続可能な土地管理や、宗教と非宗教でどうやって連携して活動を進めていくか」との論点を示した。

その後は、「価値観と生活様式を作るための教義の共有」「活動計画を実施するための価値観の共有」をテーマに討論が行われた。前日に行われたARCが取り組むプロジェクトの分散会議やシンポジウムを受け、会場からはさまざまな提言や質問が寄せられた。

会議の前後には、神宮参拝や神社ツアーも

6月2日の開会式の後には、参加者による神宮の正式参拝が行われた。各宗教の代表が各自の宗教団体の旗を掲げて先頭に立ち、参加者たちが会議会場の神宮会館から内宮へ行進した。彼らは内宮の神域を流れる五十鈴《いすず》川にかかる宇治橋を渡り、手水舎《てみずしゃ》で手と口を清め、砂利を踏んで木々に囲まれた参道を進み、神様が鎮まる御正宮《ごしょうぐう》で二拝二拍手一拝の神道の作法で拝礼した。ヒンドゥー教、キリスト教、道教、シーク教、イスラム教、儒教といったさまざまな宗教者たちが、それぞれ独自の装束に身を包み一斉に神宮を参拝した。

また、会議に合わせ5〜6日には、伊勢・志摩の神宮の関連施設や京都の神社を巡るツアーも行われた。参加者は志摩市では内宮の別宮《べつぐう》の一つである伊雑宮《いざわのみや》に参拝し、神様に

供える神饌《しんせん》やお祓《はら》いに用いる御塩《みしお》、野菜、米をそれぞれつくっている御塩殿《みしおどの》神社、御園《みその》、神田《しんでん》などを見学した。京都では賀茂御祖《かもみおや》神社（下鴨神社）をはじめ四社に参拝、鎮守の森や氏神《うじがみ》の概念などについて学びを深めた。

自然に生きるということ

彬子女王殿下

あきこじょおうでんか●昭和56年（１９８１）、寛仁（ともひと）親王第一女子としてご誕生。学習院大学ご卒業後、オックスフォード大学マートン・コレッジへ留学され、日本美術をご専攻。平成22年（２０１０）、同大学博士号を取得。現在、慈照寺研修道場美術研究員、立命館大学衣笠総合研究機構客員協力研究員、法政大学国際日本学研究所客員所員。平成26年（２０１４）４月、京都市立芸術大学芸術資源研究センター特別招聘研究員にご就任

英国と日本の季節感の違い

ご存知の方もおられるかと思いますが、私はオックスフォード大学で計６年間の留学生活を送りました。外国で生活をした多くの日本人が感じることの一つに、日本の四季の移

り変わりの美しさということが挙げられるのではないかと思います。

英国という国は、一日のなかに四季があるといわれるほど、天気がよく変わります。1時間ごとに、曇っていたなと思うと雨が降り始め、止んだと思ったら一面の青空が広がり、また雨が降り始める、などという日はよくあります。

こちらに英国の代表的な天気図がありますが、白い雲と黒い雲がございます。雨が降る雲と降らない雲なのですが、注目していただきたいのは、こちら（天気図を示されて）、黒い雲からお日様が覗いていて雨が降っております。日本ではあまりお目にかからないような天気のマークが数限りなくあるということに、イギリスに参りましてから大変びっくりいたしました。英国の天気予報はあまり当てにならないというのが通説でございます。

英国で私が辛かったことの一つに、冬の陰鬱さがあります。日本でしたら、キンとした寒さのなか、スカッと晴れた青空の気持ちの良い冬の日がありますが、英国の冬は基本的にどんよりとした曇り空の日が大半を占めていて、青空が広がる日はほとんどないといってもよいぐらいです。その重い空と同じように、気分までも滅入ってしまうのが英国の冬です。

だいたい英国の大学は、1年生と3年生の夏学期に試験があります。英国の大学は、日常点は管理されず、すべて試験の結果で成績が決まります。いくら毎回授業にきちんと出て良い小論文を書いていたとしても、試験で失敗すればそこでおしまいです。追試などもよほどの事情がない限り行われませんし、落第したらオックスフォード大学から出なければいけないという大変厳しいものですので、みな必死に勉強いたします。

花々が咲き乱れ、緑が輝き、お日様が降り注ぐ英国の一番美しい時期に、なぜ室内に閉じこもって試験勉強をしなければいけないのかと学生たちは大変恨めしい気持ちになるものですが、もしこの試験が冬だったらどうなるでしょうか。鬱々とした曇り空はもちろんのこと、冬は日も短くなります。夏は夜の10時ぐらいまで明るいですが、冬は夕方４時ぐらいに暗くなり、朝も８時ぐらいにならないと日が出てきません。暗く底冷えのする部屋の中でずっと試験勉強をしていたら、気分は日に日に暗くなり、自殺者なども出てくるに違いありません。英国の試験が夏に行われるのは、理由があるのだと生活してみて分かりました。

英国で長い間生活してみると、ヨーロッパの絵画で春をテーマにしたものが多い理由が納得できます。辛く寒く長い冬を乗り越え、水仙が咲き始めると、「ああもうすぐ春が来る」と、本当に嬉しい気持ちになります。ヨーロッパの人たちにとっては本当に待ち望んだ春、その喜びを絵画として表現しているのです。逆に、日本の絵画に四季花鳥図や春秋草花《しゅんじゅうくさばな》図屏風《ずびょうぶ》などの季節そのものや移ろいについて描いたものが多いのは、日本人が古来、季節を大切にして楽しんできたからでしょう。

ヨーロッパでは冬が長いのに比べると、春、夏、秋はあっというまに過ぎ去ってしまうような気がいたします。日本だと八百屋さんに筍《たけのこ》が並ぶと春が来たなとか、柿が出てくると秋だなとか、食材に旬があり、四季の移り変わりを感じることができます。日本料理屋さんでいただくお料理も季節によって変わり、鱧《はも》や松茸など、その時季にしかない食材を使って季節感のある一品を楽しめます。でも、英国のスーパーマーケットでは年間通して品ぞろえにさほどの変化はなく、野菜も魚も一年中ほとんど同じものが並んでいます。テニスのウィンブルドンの時期には「ストロベリー&クリーム」といって苺を食べる習慣があるので苺が増えるとか、狩猟の時期である秋には「ゲーム」といわれる鹿や猪《いのしし》、兎や雉《きじ》などの獣肉が珍重されるため、肉屋の店先に首を落とされた獣たちが並ぶというようなことはありますが、日本のように旬の食材を楽しむという感覚はあまりないようです。

和菓子と日本の四季

今、私は子供たちに日本文化を伝えていくために、「心游舎《しんゆうしゃ》」という活動の一環として、太宰府天満宮の幼稚園で和菓子作りのワークショップを毎年開催しております。

和菓子がどういうものかを子供たちが知ることから始め、和菓子に季節が反映されることを学び、最終的には、秋祭りのときに天神様（太宰府天満宮のご祭神）に召し上がっていただく和菓子を子供たちが考え、実際に作って奉納するという、5か月の期間をかけて行うワークショップです。子供たちは普段自分たちが目にしている草花が和菓子に変身することに目を輝かせ、「和菓子はあまり食べない、餡子《あんこ》はあまり好きじゃない」と言っていた子供たちが、一連のワークショップが終わるころには、みな和菓子好きに変身します。

しかし、私はある日本びいきのアメリカ人の友人に、「和菓子はなぜ見た目はあれほどビューティフルなのに味はみな同じなのか」と言われて驚いたことがあります。和菓子の味はみな同じなどと、それまで思ってみたこともありませんでした。その友人は、来日回数は数えきれないほどあり、日本の文化をこよなく愛し、和食も大好きでお箸も難なく使いこなす方であっただけに、和菓子に対する印象があまり良くなかったことに違和感を覚えたのでした。

それからしばらく経ち、ある日本料理人の方と和菓子の話になりました。私はそのアメリカ人の友人の話をしたところ、その方が「白い薯蕷《じょうよ》に薄紅色がさっと入っているものが主菓子《おもがし》として出てきたら、何だと思います？」と聞かれました。「『このお菓子の御名《ごめい》は』と聞いて『吉野山でございます』と言われたら、日本人は奈良の吉野山の満開の桜の景色がふわっと頭に浮かぶでしょう」とその方は言われました。「外国の人はそれがイメージできないのではないですか」とおっしゃったのです。「桜をイメージさせたいのであれば、桜の花や花びらをかたどったものや、桜の塩漬けを上にのせたもの、桜色の餡を中に詰めたもののほうが外国人にとっては分かりやすいでしょう。逆に日本人にとっては、それが野暮に当たるのです」。それを聞いて、すっと腑に落ちた気がいたしました。

日本人は目で和菓子を味わい、季節を感じることができます。これは日本で生まれ、育ち、四季の移り変わりを肌で感じ、日本の自然の美しさを実感した人が知らず知らずのうちに身につけたものかもしれません。日本人が自然と思っている感覚を外国の方が持ち合わせておらず、同じように理解することができないというのは、よくあることなのかもしれません。

自然と結びついた信仰

私は留学中、「日本の宗教とは何か、神道とは何か」という質問をよく友人たちからされました。日本人は子供が生まれたら神社にお宮参りに行き、結婚式を教会で挙げ、仏式の葬式をすると言うと、まず間違いなく「それはクレイジーだ」といった趣旨のことを言われます。とくに、英国のように国民の大半が一神教であるキリスト教徒であるような国の人には、このように入り乱れた信仰の形態というのは、とうてい理解のできないことのようでした。しかしこれこそが、日本の特徴そのものではないかと私は思います。

日本では、いにしえの昔から山や岩、木や滝などの自然物に神が宿ると考え、大切にしてきました。これは、人間の生活が自然と密接に結びついてきたからです。

私は1年ほど前、出雲に出かけ、「日本初の宮」といわれる須我《すが》神社にお参りをいたしました。須我神社の奥の宮には、ご祭神である三柱《みはしら》の神様が宿るといわれている巨石があります。私も実際に近くまで足を運びましたが、その大きさと清々しい空気に圧倒されました。実際、ご祭神である須佐之男命《すさのおのみこと》がこの地に来て気分が清々しくなったということで須我と命名し、そこに宮殿を建ててお住まいになったのが始まりですが、この石に神様が宿ると信じた人々の気持ちが本当によく分かった気がいたしました。

自然はまた、さまざまなものをわれわれに与えてくれます。農耕や狩猟によってわれわれは自然の恵みを得、それを口にすることで生かされます。しかしその反面、自然は猛威を振るうこともあります。河川の氾濫は人の命を奪うこともあります。日照りは農作物の不作を引き起こし、危機を生みます。火山の噴火、地震、台風など、人間の力ではどうしようもないことというのは本当に数多くあるのです。

このような自然現象に人々は神の力を感じていました。だからこそ、自然を生み出したものに対し、人々は敬意を表し、お祀りしました。これが神社の始まりです。日本全国、田んぼの真ん中に小さな祠《ほこら》があったり、小高い山の中腹に赤い鳥居があったりするのも、このような自然崇拝の心が生んだものでしょう。

自然のものすべてに神が宿っているという考え方から、神道の神々は八百万《やおよろず》の神々といわれ、海、山、風などの自然物や自然現象を司る神、衣食住や生業を司る神、国土開拓の神々などたくさんの神様がおられます。さらに、優れた功績を残した偉人や祖先の御霊《みたま》も祀られるようになります。

神道の始まりが、このように日本という国の風土や日本人の生活習慣に根ざした自然的な観念であることから、神道には教祖も教義も教典も存在しません。人々の神々への畏怖と崇敬の念によって現代まで継いできたものなのです。

神道の神々は、日本人の生活の中にごく当たり前に存在してきました。歴史上、仏教やキリスト教など、さまざまな外来宗教の伝来がありましたが、その時代ごとに受け入れられ、宗教戦争を起こすこともなく共存してこられたのは、多神教である神道の思想が日本人の根底に先祖代々、脈々と流れ続けているからに他なりません。

仏教もキリスト教も、八百万の神々の存在する日本では、信仰の対象がまた一つ増えたという感覚で受け入れられたのではないかと私は思います。だからこそ、神社にお宮参りに行き、教会で結婚式を挙げ、仏式の葬式をするということに、日本人はそれほどの違和感を覚えないのでしょう。

根底が多神教の国と一神教の国では、信仰に対する感覚がこのように異なってもくるのです。

伊勢の神宮の記憶

父がもっぱらの〝シントウイスト〟であり、神職の資格を持つ宮務官《きゅうむかん》（宮家の事務を行う職員）がおりましたわが家では、子供のころから神様をとても身近に感じてきたような気がいたします。

家の裏手に父のゴルフの練習場を設置したときには、みんなで集まり、宮務官が祝詞《のりと》を上げ、打ち初め式を執り行いました。また、モーニングに身を包んだ父が賢所《かしこどころ》（宮中祭祀を行う場所）や神社の参拝に出かけられるのを何度となく見送りました。子供心に、なんだか神様に対するときの背筋が伸びる感覚というのはとてもよく覚えています。

私が初めて行った家族旅行の行き先は伊勢でした。仕事が趣味で観光が苦手な父とは、スキー合宿以外の家族旅行をほとんどしたことがありません。子供のころなど、月の半分くらい父は地方で家におられませんでした。旅行といっても、父は空港や駅、ホテル、仕事会場の三地点しか回られない場合がほとんどでした。このようにまったく観光に興味のない父が初めて計画してくださったのが、伊勢と京都の旅でした。私が初等科（私立小学校の学習院初等科）の3年生くらいのことです。以降、父とは何度も一緒に旅をしましたが、仕事が絡まなかった旅はこれが最初で最後だったかもしれません。

それは、日本の神社の総本山といえる伊勢の神宮に子供たちを連れて行かなければという父の思いからでした。そのときの神宮の玉砂利を踏みしめた感覚や、神宮の森のピンと張り詰めた空気感は、何も分からない子供心に鮮烈な印象を与えたのです。

子供のころ、私は神話を読むのが好きでした。漫画や子供向けに書かれた『古事記』や『日本書紀』にある因幡《いなば》の白兎や海幸彦と山幸彦の話は、挿絵の絵柄まで今でもはっきりと覚えているほどです。けれども、神話で語られる場所が存在するなどとは夢にも思わず、すべては遠い昔に作られたお伽話《とぎばなし》だと思っていました。

しかし、その思いが揺らいだのが、父に連れられて訪れた伊勢でのことでした。不思議なことに、神宮は足を進めるにしたがって、刻一刻と空気感が変化します。車を降り立ち、たくさんある鳥居を潜《くぐ》って神様に近づいていくごとに、どんどん空気が新鮮になっているような気がするのです。

初めて目にした神宮の宮から感じる清浄な空気と威風堂々とした佇まいが、そこには本当に神様がお住まいとなっておられるように私に感じさせました。そこにいるときは大騒ぎしてはいけないような、姿勢を崩してはいけないような、子供の私にも思わせるそんな力を神宮の神様が持っておられました。

この神宮の空気感は鎮守の森が生み出すとも思います。神様のおられるご社殿はもちろんのこと、鎮守の森そのものがいつ見ても生き生きと神々しく輝いており、草木の一本一本に神様が宿っておられるというのを感じます。そのことが、この穢《けが》れのない空気を生み、私たち人間は神様に見守られながら参道を歩きます。それを子供ながらに感じ取り、思わず背筋を伸ばしてしまったのだと思いますが、この感覚はこの場におられる方のなかにも経験されたことがある方が多いのではないでしょうか。この感覚が、自然への畏怖の心につながっております。

自然に逆らわないことの大切さ

ただ、今の人間はあまりにも自然に逆らいすぎてはいないでしょうか。自然は人間に合わせてくれません。昔は、自然に人間が合わせていました。日の出と日の入りに合わせて生活をし、明るくなったら起き、暗くなったら眠りました。電気が発明されてからは夜通し起きていることが可能になり、自然に逆らい、昼夜逆転して生活している人もたくさんあります。私も身に覚えがないでもありませんが、雨が降っていると嫌だなと思ってしまうことがあります。しかし、これは人間の都合であり、自然界にとっては恵みの雨です。寒い時季には早く暖かくならないかなというのに、暑くなればまた涼しくならないかなというのも人間の都合。暑いことにも寒いことにも自然界の理由があります。夏も冬もエアコンのある生活に慣らされてしまったばかりに、外に出たときの辛抱が利かなくなってしまったような気がいたします。

私は京都に暮らすようになって約5年になります。みなさんご存知のとおり、京都は冬の寒さ、夏の暑さが厳しいところですが、みなその季節を楽しむ術を知っておられるような気がいたします。平安時代は今より平均気温が高かったという説がありますが、そのなかで十二単《じゅうにひとえ》のような分厚い衣装を身に着けて人々は生活していたわけです。現代も町家に住んでいる人たちは、夏になると襖《ふすま》を外し、竹で編んだ簾戸《すど》を嵌《は》め込みます。籐筵《とむしろ》が畳を覆うと、畳の縁で区切られていた部屋が広々と感じられてきます。庭に面したところは障子を外して御簾《みす》を掛けます。夏の建具に替えるだけで風通しも良くなり、見ているだけで涼しく感じるのが不思議です。京都の人たちは四季の変化に逆らわず、四季の移ろいを肌で感じながら暮らしておられる方が多いなと思います。

話が少しずれるかもしれませんが、京料理は京都の水で育った京野菜や、京都の水を使ってできた食材を、京都の水を使った出汁《だし》で調理するから美味しく、それがその食材にとって自然であり、それがよりよい味を引き出すことにつながるのだと教わったことがあります。英国にいたとき、煎茶を英国の水で入れようとしても色も味も出ないのでとても苦労しました。逆に、その水を使って紅茶を入れれば、どんなにいい加減に入れても美味しくなるのに、日本の水で紅茶を入れると、あの思い出の味がどうしても再現できません。その話を聞くまでは、水が違うから仕方がないと思うだけでしたが、異国の水を使うことで、図らずも煎茶の茶葉に無理をさせてしまっていたことに気づかされました。

交通も発達し、情報化社会となって、日本国内のみならず世界中の食材が手に入れられるようになった現代では、自然に逆らうことがごく日常的に、当たり前のように行われています。時間や曜日という枠組みが現代にはありますが、これは明治時代に西洋から入ってきたものです。江戸時代の日本人にお休みはありませんでした。自然界には土曜も日曜もありません。週末休むのは人間だけです。自然界にお休みがないのに、週2日休むのが当たり前だと思っている人が大半になれば、自然の営みに即した農業や林業を続ける人がいなくなってしまうかもしれません。そこで、海外から輸入の食料がストップしてしまったら、日本人は生きていけなくなるでしょう。

以前、桜守《さくらもり》で知られる佐野藤右衛門《とうえもん》氏が、「最近温暖化だとか天候の異常だとか地球規模でおかしくなっているとか騒いでいるけれど、それはたった数十年生きただけの人間の勝手な物差しで、地球誕生から現代まで46億年の長い歴史のなかで見れば、今言われている気候変動などたいしたことはない。人間はあまりにも自然を軽んじている」と言われて、ひやりとしたことがあります。本当にそのとおりだと思いました。

自然を畏れる気持ちがあれば、原発の汚染水を海に流すなんていう発想は出てこないはずですし、人工的に薬を使って雨を降らせるというような技術も生まれないでしょう。科学技術の進歩などが謳われる昨今ですが、人間は今一歩立ち止まって、自然に対して自分たちのしてきたことを振り返り、考える必要があるかもしれません。

神道の心は感謝すること

私は、ある神職の方に、「神道とは何でしょうか」という問いを投げかけたことがございます。その方は、一筋の迷いもなくひとこと、「今ここに生かされていることを神様に感謝することです」とお答えくださいました。神様、そして神様が宿られる自然そのものに対して感謝すること。それが神道の心そのものなのではないかと私は思います。

仏教をはじめとする一神教は、主に個人の安心や魂の救済、国家の繁栄、鎮護のために信仰されるという場合が多いのではないでしょうか。でも、神道の場合、何かの見返りを求めて信仰しているのではありません。豊穣の恵みをもたらしてくださったことを神様に感謝します。日照りや地震などの天災が起こったり、疫病が流行ったりしたときは、神様が怒っておられると考え、自分の不徳を詫び、神様に怒りを鎮めていただくために祈るのです。

自然界への感謝を昔の人たちは決して忘れませんでした。日本では食事の前と後に「いただきます」と「ごちそうさまでした」を言います。これは、ご飯を作ってくれた人への感謝の気持ち、そして何かの命を奪わなければ生きていけない人間が、その命をくれた生き物に対する感謝の気持ちであり、最低限の当たり前であることへの回帰だと思います。

でも、最近はその「いただきます」と「ごちそうさま」すら言わず、「ありがとう」の言葉も言えないという大人が増えてしまいました。感謝の心は人の気持ちを豊かに、幸せにします。日常生活のなかで自然の恵みへの感謝を忘れないこと、それは神様への感謝の気持ちを示すことへとつながっています。

自然に逆らわないこと、感謝の心をつないでいくこと。それは神道の本質そのものであるのではないでしょうか。

※本稿は平成26年6月3日、神宮会館大講堂で開催された「自然環境シンポジウム」（神社本庁主催）での特別講演の内容を一部編集して載録したものである

環境問題を仏教の視点から考える

高野山真言宗管長　**松長有慶**

まつなが・ゆうけい●昭和4年（1929）和歌山県生まれ。高野山大学文学部密教学科卒業。東北大学大学院文学研究科インド学・仏教史学専攻博士課程修了。高野山大学教授、同学長を経て、現在、高野山真言宗管長、総本山金剛峯寺第412世座主。高野山大学名誉教授、文学博士

欧米の一神教信仰における環境問題

仏教と神道、とくに真言宗や天台宗は、神道と深い結びつきがあって、思想的にも近い関係にございます。私は環境問題を仏教の視点から申しますが、平安時代に栄えた天台宗と真言宗が、日本民族の心と共通する思想基盤にあるということについてお話をさせてい

ただきたいと思います。

天台宗、真言宗、神道の三つの宗教には、万物の命がつながるという共通ワードがございます。現在のわれわれが、科学技術文明の恩恵を受けていると同時に、デメリットもいろいろ生じているということに対する反省のなかで、人間中心でものを考えてきた視点から、自然を中心とする視点への転換を考えてゆかなければいけないということを、私たちは仏教を学び、実践するなかで長い間ずっと考えてまいりました。

環境問題について、仏教ではいったいどういう発言をすべきなのかということについてのお話の前に、一つの例を申し上げます。

世界では環境問題についての本が最近ではたくさん出ております。このなかの一つに、アメリカのロデリック・フレイザー・ナッシュという学者が書いた『自然の権利―環境倫理の文明史』（*The Rights of Nature*）という本がございます。なぜこれを取り上げたかというと、この本は、欧米の方々が一神教信仰のなかで環境問題とどのように取り組むものかという問題意識を挙げた書物として、いろいろ参考になったからでございます。

一神教の信仰では、ご承知のとおり、神様と人間とか自然とかは隔絶されているわけです。そういう文明のなかでは、環境問題を取り扱うというのは非常に大きな問題があるということが、この本を読んで初めて分かりました。そして私は、日本人である神道の方や、あるいは平安仏教の私たちがこういった本を書いたら、この3分の1ぐらいの分量になるのではないかという印象を受けました。つまり、これほど多くの言葉を尽くさなければならないということに、一神教の信仰と環境問題というのが、非常に大きなズレを持っていることを感じたわけであります。

この『自然の権利―環境倫理の文明史』（1989年出版）という本は、民主主義を人間以外の生物の利益のみならず、山や川のような無生物の事物の利益にまで拡大するという視点から書かれています。面白いことに、この本ではまず、人間という存在の歴史から書いています。その最初のステップとして挙げられているのが、『アンクル・トムの小屋』（*Uncle Tom's Cabin*）という小説です。ストウ夫人が書いたこの小説は、民族や国籍が違っていてもみんな人間として同じ価値を持つのだ、人間はすべて平等なのだということを訴えたものです。その次に出てくるのは、レイチェル・カーソンの『沈黙の春』（*Silent Spring*）です。この本では、人間だけではなく、植物も同じ権利を持っているのではないか、というところまで考えを拡大しています。

『アンクル・トムの小屋』が1852年、『沈黙の春』は1962年の出版ですから、その間には110年のタイムラグがあります。それだけ時間がかかっているのです。しかしその後、植物だけでなくすべての存在物が価値を持っているという、現代の自然保護の問題の本になっている考えには、100年もかからずに至っているのです。

「一切衆生」の意味するところ

さて、ここで仏教の話を始めたいと思います。仏教から見た環境問題とはいったいどういうものでしょうか。私は「一切衆生《いっさいしゅじょう》」という仏教の言葉から出発させていただきたいと思います。

一切衆生の「一切」というのはサンスクリット語でいう「サルバ」(*sarva*)で、「すべてのもの」を意味します。「衆生」というのは「サットヴァ」(*sattva*)という言葉で、その語源は「アス」(*as*)という語です。「アス」というのは英語の *be* に相当する言葉で、「存在する」という意味です。つまり、「一切衆生」とは「すべての存在するもの」を意味します。

仏教にはまた、衆生と同じ意味を持つ「有情《うじょう》」という言葉があります。これは「衆生」

よりも、さらに「命あるもの」という意味に近い言葉ですので、「一切有情」といえば「すべての命あるもの」ということになります。そして、「有情」に対して、命のないものを「非情」といいます。現代の日本語では「非情」というと「情けがない」という意味で使いますが、仏教本来の意味では、有情／非情は、命あるもの／命のないもの、という使い分けをしているのです。

「一切衆生」は、大乗仏教という中国や日本で栄えた仏教の流れの一つに共通する思想ですが、大乗仏教では、一切の存在するものはすべて仏になる素質を持っているということを説きます。これは「一切衆生悉有仏性《しつうぶっしょう》」という大乗仏教に共通のテーマです。「仏になる」ということとは、つまり、絶対的な存在と人間とは等しい素質を持っているということです。このような考え方は、仏教だけではなく、インドでも中国でも日本でも、東洋の宗教に共通して見られるものです。

しかし、仏教の初めであるインド仏教では、「一切衆生」という言葉も「有情」という言葉も、その意味するところは人間に限られていました。

それが、中国では少々変わってきます。どう変わったかというと、草木に命があるかどうかという問題が大きな議論になったのです。そして、草木も「有情」であり、仏になることを人間だけでなく草木などの植物にまで範囲を広げた「草木成仏」という考え方が、中国の三論宗《さんろんしゅう》や華厳宗《けごんしゅう》という大乗仏教の宗派で出てきます。こうして、中国仏教では「衆生」とは、人間だけでなく草木などの植物までを含んだものを指す言葉になったのです。

そして、日本では弘法大師・空海の言葉に「草木也《また》成ず、いかに況《いわん》や有情をや」という表現があります。ここで空海が使っている「有情」という言葉には、まだ「人間」という意味が少し残っています。つまり、「草木も成仏するのだから、人間をはじめとするこの有情というものが成仏しないことがあろうか」ということです。

また、空海の文章を集めた『性霊集《しょうりょうしゅう》』に載っている各種の願文を調べていくと、そのなかに「この功徳をもってあらゆる生きとし生けるものの成仏のために役立ててほしい」という願いが込められていることが分かります。空海もまた、動物や植物に生きているものの連帯感を感じ、動物や植物が人間と同じ命という共通項を持っていると考えていたということが分かるのです。

さらに、日本の仏教には天台宗が説いた「山川草木悉有仏性《さんせんそうもく》」という有名な言葉があります。これは、「山川草木すべて仏になる」という意味です。人間だけでなく草木も成仏するということは、中国でも唱えられていました。けれども、山川というのは、草木などの植物ではありません。鉱物といいますか、無機物であるわけです。それらまでをも命あるものと捉えるという思想を考え出したのは、じつは日本なのです。

しかし、この言葉は仏典にはありません。種明かしをしますと、中曽根元総理が施政方針演説で「山川草木悉皆成仏」という言葉を使ったので、日本人の間で有名になったのだそうです。この言葉は、哲学者の梅原猛さんがこしらえたのだという説もあるようです。

また、「山川草木悉有仏性」という言葉は経典にはありませんが、「草木国土悉皆成仏」という言葉は、たしかに9世紀の天台宗の高僧で安然《あんねん》という人が記しています。「草木国土悉皆成仏」とは、いわゆる草木や国土というわれわれが常識で考えれば命はないと思われるもの、石や岩や風といった無機物も成仏するという考えです。

このように、仏教とは決して同じ考え方で展開していったのではなく、中国では中国的なものの考え方によって、日本では日本人の考え方によって、ずいぶん変わってきます。

「もの」に命を見出す日本人

「山川草木悉有仏性」という言葉は、中国仏典にも、もちろんインド仏典にもありません。

日本の仏教になって初めて出てきた考え方です。どうして仏教が日本に入ってくると、無機物までもが人間や植物と同じく命を持つという思想が出てくるのでしょうか。

じつは、物に命があるという考え方は、仏教が日本に持ち込んだのではなく、もともと日本人の共通感覚に潜んでいた神道の考え方に養われたものだということが分かってきました。日本語の「もの」という言葉は、物質の「物」であると同時に、人間を指す「者」をも表します。物も心も一体であるというのは、日本人特有の考え方です。さらには、「もののけ」とか「もののあわれ」というように、「霊性が宿っている何か」を指すような「もの」という言葉の使い方もあります。ですから、日本人にとって「もの」という言葉のなかには、もともと目に見える命も目に見えない命も含まれていたということです。そして、こうした「もの」に対する考え方は、神道に基づくものだろうと考えられます。

例えば、日本では裁縫に使っていた針が折れたら、それを集めて後で供養をする「針供養」という習慣があります。これは、世界中で他にはどこにもない日本だけの生活儀礼なのだそうです。日本では動物も供養しますし、人形供養もします。お雛さまのルーツは供養の意味で川に流すという風習にあります。こうした宗教的な習慣には、日本古来の考え方が表れているのだと思います。

ついでに「御穀供養」の話もしましょう。岩手県の二戸市にある南部せんべい製造会社の社長さんから、その会社の中に穀物の供養塔をつくりたいから、「御穀供養」という字を揮毫《きごう》してほしいと言われ、私はそのオープニングにお参りさせていただきました。その社長さんによれば、「私たちは穀物を使って商売をさせていただき、それによって利益を得ているのだから、穀物を供養するのだという気持ちでこの塔を建てさせていただきました」と言うのです。供養塔を建てた翌年にいただいた社長さんからの年賀状には、「御穀の供養塔を建てて社員一同で毎朝拝んでいるお蔭で、穀物の消費量が半分に減りました」と書かれていました。そして、「いかにものを大切にするかという精神が、宗教儀礼を通じて社員のなかに育ってきた」とも話されていました。そんな話を聞くにつけ、ものを大事にする日本人のメンタリティを感じます。

また、水というのは普通に考えれば生き物ではありません。しかし、これは神道関係の方は十分ご承知のことでしょうが、神道の作法である「禊《みそぎ》」は、水で身体を清めることで新しい生命に生まれ変わるという、命の再生儀礼といえます。そこにおいて、水は単なるH_2Oという物質ではありません。

大相撲では「水入り」の作法があります。これは、相撲を取ってなかなか勝負がつかないときに、一度水を付けて命の活力を再生させるものです。

こうした水に生命力を見出《みいだ》す考え方は、日本の仏教の中にも取り入れられています。奈良の東大寺の行事「お水取り」は、春が来て、新しい生命の芽吹きを得るために、水という生命力をいただくという宗教儀礼です。

さらに、仏教では亡くなった方に「末期《まつご》の水」といって、脱脂綿に水を含ませて口に付ける儀式を行います。この水について、よくお坊さんは「三途《さんず》の川に行くまで喉が渇かないよう唇に水を付けるのだ」と言いますが、これは思わせぶりな説明ではないかと思います。これは、本来は再生の儀礼です。水という生命力によって、もう一度生まれ変わってこいという意味なのです。

このように、日本には、水という無機物によって命を与える儀礼や習俗がずいぶんあります。水がH_2Oという物質としてではなく、命のシンボルとして存在するという文化が、私たちにはあるということです。

物と心は一体である

石のような鉱物の中にも命があるという考え方は、私たち日本人が神道を通じて受け継いできたものであり、それが日本で仏教を変化させたのです。中国仏教では草木が成仏するという考えまではありましたが、鉱物が成仏するという考えはありませんでした。ところが、日本仏教では9世紀初めの空海や安然など、いわゆる平安朝仏教の人々が、日本古来の考え方を仏教の教理のなかにうまく嵌《は》め込んでいったのです。森羅万象に命があり、風や火や雷や雨という自然現象も命のあるものだという神道的な考え方を受け入れたのです。神道と仏教の天台宗と真言宗は、非常に多くの共通要素を持っていたことも、そうした結果につながったでしょう。そして、自然を神聖視し、山や川など動物だけではなく自然というのはみんな命のある存在だという考え方を教理に取り入れていきました。

しかし、こうした「すべてのものに命がある」という考え方を、日本の仏教は教理としてどのように成り立たせたのでしょうか。その根底となる「物と心が一体だ」という思想を、空海が見事に確立しています。それは『即心成仏義《そくしんじょうぶつぎ》』という書物に書かれているのですが、「地・水・火・風・空」という五つの元素に代表される物質的な原理だけではなく、

「識」という精神原理を加えた六つの原理は本来一体であるという思想です。これを「一如《いちにょ》」といい、難しい言葉で「六大体大《ろくだいたいだい》」といいます。六つの原理が一つになっているという考え方が空海によって哲学化され、思想化されたのです。

このように、日本人の本来持っていた感情や思想を哲学化する理論というものが、日本仏教の流れのなかで出来上がり、それが今に受け継がれているのです。日本人はじつにうまく神道の思想を仏教のなかに受け継ぎ、そしてまた神道のなかにも仏教の考え方を取り入れていったのです。

自然を対象化しないこと

私はダライ・ラマ14世猊下《げいか》が日本にいらしたときなどには、よく一緒にお話をする機会があります。ダライ・ラマ猊下とお話ししていると、真言宗の教えとチベット仏教の教えというのは共通点が非常に多く、話が合うことが多いのですが、一つだけどうしても合わない点があるのです。それは何かというと、「石に命があるかないか」という問題です。

私が「石には命があり、みんな神様だ」という話をしますと、「石に命があるものか」

とダライ・ラマ猊下はおっしゃったのです。チベット仏教の方たちは、自分たちの教えはインド仏教の正統を継いでいるという自負心を持っておられるので、「そちらのほうが間違っている」という口調でまったく話が合いませんでした。

ところが、それから1年後の平成25年にダライ・ラマ猊下が日本においでになったときのこと。昼食をとりながらお話ししたとき、猊下は「石に命があるというのは本来の仏教の考え方ではなく、神道ですね」とおっしゃったのです。1年の間に、ダライ・ラマ猊下もだいぶ日本人のことを理解したなと感じました。もっともご自身は、インド仏教の正統的な考え方では石に命はないと考えてはいるけれども、日本人は仕方がないな、といった意味を含んでいたのかもしれません。

ところで、冒頭でお話ししたナッシュの本は『自然の権利』(*The Rights of Nature*)という題でした。このような「人間だけでなく自然も権利を持つ」という欧米の方々の考え方は、結局は自然を対象化したものの見方なのではないかと思います。一方、日本人は古来、岩や山そのものが神様だという考えを持っていて、決して対象化していません。

命あるもの、有情のなかに石ころまでも含めたのは日本人だと申し上げましたが、いわゆる現象界にあるものと絶対の世界とは本来一つのものだという考え方は、古くから中国の華厳哲学など大乗仏教の哲学のなかにあります。ですから、この考え方は東洋の思想の基盤にあると思うのです。

例えば、有害な空気に触れて生き辛くなっている街路樹の苦しみ、あるいは赤潮によって汚れた海の嘆き。これを対象化して、「ああ、木が枯れている。海が汚れている」という考え方でいていいのでしょうか。そうではなくて、自分自身が木であると感じ、その木の悲しみを自分が受け止める。そうした日常生活をどこまで突き詰めて考えられるか。現在起こっている自然環境問題は、そういう考え方までいかなければ解決策が見出せないと私は考えております。

※本稿は平成26年6月3日、神宮会館大講堂で開催された「自然環境シンポジウム」（神社本庁主催）での特別講演およびディスカッションの内容を編集して載録したものである

御杣山《みそまやま》と式年遷宮

神宮大宮司　**鷹司尚武**

たかつかさ・なおたけ●昭和20年（1945）生まれ。慶應義塾大学工学部卒業。同大学院工学研究科修了後、日本電気株式会社（NEC）に入社。平成15年（2003）からNEC通信システム社長を務め、同社退職後の平成19年（2007）7月から現職。第62回神宮式年遷宮などに奉仕

神宮式年遷宮とご用材

神宮では、平成25年（2013）の10月に第62回神宮式年遷宮における内宮《ないくう》（皇大神宮《こうたいじんぐう》）・外宮《げくう》（豊受大神宮《とようけだいじんぐう》）の両正宮《しょうぐう》の「遷御《せんぎょ》」の儀を執り行いました。神宮式年遷宮とは20年に一度、御殿はもとより御装束《おんしょうぞく》や神宝《しんぽう》すべてに至るまで一式を新調いたしまして、大御《おおみ》

神様《かみ》にお遷りいただくことによってお喜びいただき、また併せて国や人々が元気になるよう祈り奉る、神宮にとって最大の祭りであります。

この祭りは約1300年前、第41代の持統天皇がお始めになって今に続いています。その歴史を振り返りますと、平らかな時ばかりではなく、遠くは15世紀、日本は戦国時代に突入しましたが、その折には120年以上遷宮ができなかったという中断の歴史もございます。また新しいところでは、先の大戦に敗れた後、昭和24年（1949）の神宮式年遷宮が昭和天皇の思し召しで延伸され、昭和28年（1953）に斎行されるという波乱万丈の時代を過ごした経緯もございます。

いろいろな時代がございますけれども、いずれにおきましても、そのときできる最善を尽くすことによって継続するという歴史を持っております。決してあきらめることなく、危機を凌いで、できることを、最善のことをする、そういうお祭りになっております。

そのなかでも遷宮に非常に関わりがありますご造営、御殿を建てるご用材の檜《ひのき》の話をいたします。

遷宮のご造営に使うご用材は、1回の遷宮の斎行につき、胸高直径が50センチメートル以上の大径木がおよそ1万本必要になります。この1万本という数は少々気の遠くなるような数字ですが、檜林の面積に置き換えますと、1ヘクタールには檜100本がせいぜいですので、約100ヘクタールの檜林が必要となります。1回の遷宮で100ヘクタールの檜の林が無くなりますので、そのままにしておくと、次回の遷宮の分が無くなってしまいます。いったん伐った林がいつになったら元どおりに戻るかというと、およそ200年かかります。したがって、遷宮は20年に一度でございますから、その200年の間には遷宮10回分の約1000ヘクタールという非常に大きな檜林を常に整えておかなければ、持続的な遷宮ができないということになります。

神宮の敷地は約5500ヘクタール、東京都では世田谷区、海外ではパリ市に相当する大きさであるといわれています。それほどの広さがありますので、上手に檜の林を育成し、ご用材に育て、それを伐ってまた植えるという繰り返しを1000ヘクタール分維持しておけば、永久に遷宮のご用材は賄えるということです。

神宮式年遷宮に使う檜を伐り出すお山のことを「御杣山《みそまやま》」といいます。杣というのは木を伐る山のこと、杣木《そまぎ》というのは伐った材木のことですが、それに「御」を付け、神様の木を伐る山という意味になります。この山は天皇陛下のご治定《じじょう》（お定めになること）で決まるのですが、木が良いというだけでは不十分で、神聖で穢《けが》れていない場所でなければならないという条件がつきますから、なかなか探すのも困難です。

御杣山の再生計画

神宮の遷宮が始まった１３００年前はもちろんのこと、以前の内宮は近隣の神路山《かみじやま》、外宮は高倉山《たかくらやま》という御杣山の木を伐って20年ごとに遷宮を行っていました。

これが12世紀の鎌倉時代に入るころには良材の入手がしだいに怪しくなってきて、伊勢でとれた木で行う遷宮は、７００年前をもってできなくなってしまいます。その後、適地を求め転々としますが、江戸時代になり、今でいう岐阜県と長野県の県境の、日本で一番良いといわれる天然檜の産地である木曽山に御杣山を設定し、以来、神宮の遷宮は木曽の檜で賄われているわけです。これは今回の第62回神宮式年遷宮も同様です。

そうした経緯で木曽山が見つかったので、地場でとれる木ではなくとも遷宮はなんとか対処できているのですが、もう一つ困ったことが江戸時代になって起こります。

江戸時代に、全国の国民が伊勢参りということで神宮へ参拝に訪れました。江戸時代は、まだ日本の人口も３０００万人程度ですから今に比べれば少ないのですが、その人口

3000万人の時代、遷宮のころには300万〜400万人もの参拝者が一斉に押し寄せました。

すると、伊勢の人々は「お蔭《かげ》」ということを非常に大切にしましたので、訪れた方々にご飯を炊いたり、お風呂に入れてあげたりと、日常のことでいわゆる「おもてなし」をしたわけです。当時はガスも石油もありませんので、裏の山に登って木を伐り、薪や炭の材にして、伊勢に訪れる膨大な参詣者らに供しました。

今、内宮の宇治橋を渡ると、背景に綺麗な青山が見えます。しかし、こうした伊勢参りへのおもてなしの結果、神宮の山はまったくの禿山になってしまったのです。これはまだ150年ほど前の話で、江戸時代から明治に至っても改善されることはありませんでした。明治時代の写真も残っているのですが、その写真を見ますと、スキー場ではないかと思うほどの禿山のなかに、境界を表す松がぽつりぽつりと生えているだけです。

その結果が、明治から大正年間に顕著になります。今でも伊勢の辺りでは豪雨の際に350ミリぐらいの雨が降ることがありますが、大正7年（1918）の大雨の際には五十《い》鈴《すず》川が氾濫し、宇治橋が水没したと記録にはあります。今は参拝者で賑わう楽しい店がたくさんある「おはらい町」の周辺一帯も腰高まで浸水したといわれています。

当時の神宮は内務省の管轄でしたので、これは放置できないということで、地産地消的な見地からどうにかならないかと林学者に調査を依頼したのです。そこで、第一には水源の涵養《かんよう》を図ること、第二には伊勢の森を古代の森に戻しつつ、今は木曽に頼っている遷宮のご用材を自給できる御杣山を復活させることを課題に、当時の東京帝国大学農学部長の川瀬善太郎博士や林学者の本多静六博士らが中心となってシミュレーションし、どうしたら持続性のある森を作れるのかを設計し直したのです。

これが大正11年（１９２２）に実を結び、「神宮森林経営２００年計画」が策定されます。そのときから年々、檜の苗を植えていったのですが、これは今でも生きており、この設計がなければ今の状態もありません。

神宮の森は広大で５５００ヘクタールございます。しかしそのうちの１１００ヘクタールは神域に近いことから、尊厳維持の見地や風致林としてできるだけ手を入れず、残りの４４００ヘクタールのうちの３０００ヘクタールに、将来のご遷宮に使えるような檜を植林していく計画だったわけです。

２００年かかるというのは大袈裟に聞こえるかもしれませんが、例を挙げれば、伊勢辺りの木の年輪幅は2ミリほどです。両端で４ミリですから、10年で４センチ、１００年で

40センチとなります。現在「神宮森林経営計画」策定からちょうど100年ほどとなりますが、当時からまだ40センチ程度しか育っていないのです。けれども、あとさらに100年経ちますと、今度は80センチになります。そして、大きな棟持柱《むなもちばしら》や御正宮の御扉《みとびら》など、大材を使用するところにも自給していけるという夢も叶います。

今回の遷宮にあたっては、大正12年以降に森作りをしてきた最初の成果が少しは出来上がってきました。このたびの遷宮で使ったご用材の約24パーセントは、じつは先ほど申し上げた大正時代に新しく作った森の木で出来ております。まだまだ太いものがないので、使う場所は塀などに限られますが、700年ぶりに御杣山の一部が伊勢に戻ってきたということで喜んでおります。

神宮は古くて新しい存在

伊勢でそれほど大量の木を消費してどうするのだという声も一部にはあります。けれども、神様が遷られた後の古い殿舎については、解体された後、その相当部分が再利用されることになります。今回の第62回神宮式年遷宮の古材は、多くのお社が壊れた東日本大震災での被災神社を中心に下付される予定です。こうした古材の撤下は戦後最初の神宮式年遷宮から前回も前々回も同様の趣旨で行われ、神宮の木は今も命を永らえているのです。

神宮の特徴を申し上げますと、非常に古くて新しい存在だということであると思います。神宮式年遷宮というメカニズムは、そのつど木を伐ってお建物を建て、また木を植えていくということの繰り返しです。逆説な言い方になりますが、神宮は変わり続けているから変わらない。つまり、結果的に神宮のご本体や精神が、神宮という存在に対する信仰が、親から子へ、子から孫へとそのまま受け継がれているのです。

再生のメカニズムを森という視点からお話しさせていただきましたが、森の木を伐っては新しく植える、また伐っては新しくとなります。森は放っておくとジャングルとなります。その意味では、神宮の森は神々と人々とともに生きていると申し上げられます。たしかに、これを常に維持するには相当なコストがかかります。1年の間には下草を刈り、あるいは道を整え、あるいは優秀な木と育ちの悪い木を選別して間伐する。そうした作業が毎年あるのですが、これをすべて行うと、年間でおよそ3億円、持続可能な遷宮の森を作るためには20年間で60億円がかかるのです。

それから、木曽の檜は天然檜で非常によろしいのですが、これまでのようにすべての用材を木曽から賄いますと、これは現在国有林ですから無料でいただくわけにもまいりませんので、入札に掛けて購入することになります。すると、先ほどの金額ではとても賄いきれません。

したがって、御杣山が伊勢に里帰りするということは、金銭面からも意味のあることだといえるのではないかと思います。そのためには、まだまだ研究、努力が必要であるということです。遷宮の将来も、携わる人々のその時できる最善が結集されるならば、大御神様は必ずお喜びになるということを、しっかり次代に伝えていきたいと思っております。

※本稿は平成26年6月3日、神宮会館大講堂で開催された「自然環境シンポジウム」（神社本庁主催）での発言の内容を編集して載録したものである

文学作品に表れた日本と自然

東京大学大学院教授　ロバート キャンベル

Robert Campbell●アメリカ・ニューヨーク生まれ。カリフォルニア大学バークレー校卒業。ハーバード大学大学院東アジア言語文化学科博士課程修了。昭和60年（１９８５）に九州大学文学部研究生として来日。平成20年（２００８）より現職。日本文学研究者であり、専門は近世・近代日本文学。テレビ・ラジオへの出演や新聞・雑誌への寄稿など、さまざまなメディアで活躍している

山そのものを拝む日本人の心性

私の専門は、仏教や神道などの宗教ではございません。江戸時代後半から明治維新、つまり近現代の黎明期、ちょうど前近代と近代を取り結ぶ１００年間、19世紀の文学を専門にしております。と同時に、３年前に起きました東日本大震災が私のなかで大変大きなき

つかけとなりまして、被災地あるいは被災した方々とともに復興についてさまざまな活動をさせていただいております。今日は私の専門である文学の話と、現在東北で行われております復興への道、あるいはその課題について、まさにその二本の道が丁度交差するところについて少し話をさせていただきたいと思います。

まず、一枚の写真から見ていただきたいと思います。（写真を示して）これは4年ほど前にお参りしました奈良県桜井市にございます大神《おおみわ》神社というところです。そこに鳥居が建っていまして、その後ろに美しい円錐形の山がございます。この山の名前は三輪山《みわやま》というのですが、よく見ていただくと分かりますように、鳥居はございますが神殿はありません。山そのものがご神体です。お参りをしますと拝殿があり、そこからそこに神々がいらっしゃるということで山を拝みます。日本語で「遙拝《ようはい》」とよく言いますけれども、遥かな景色を見ながら、その山、その自然のなかに宿っている精霊、霊力、神々に思いを致す、あるいは感謝の念を捧げる、場合によっては願いをかけるということをするわけです。

私はこの三輪山がとても好きで、三度ほど実際に山の中へ分け入って登ったことがありますが、許可がないと入山することができません。非常に神聖な場所として考えられておりまして、登っていきますと、自然のさまざまな草木、国土、土、石、木があります。そして、例えば周りには景行天皇をはじめ古代の天皇が眠っておられる陵《みささぎ》もあるということで、許可がないと入れないわけです。それから、心構えというものもありまして、そこに入山をする者は、例えば木一本、葉一枚を切ったり、持ち帰ったりしてはいけないのです。西洋から考えても、この感覚はたぶん共有されると思います。しかし、山全体が宗教、拝む対象になっているということは、それこそ大きな違いであるように感じます。とても美しい場所であり、遠くから眺めても、山の中に入っても古代へそのままタイムスリップするような気持ちがするとともに、日本の自然、原風景というものを体得できるような自然のなかに自然とともにいるということ、そして日常に毎日感謝を感じるということを、古代以来の日本人の心性――メンタリティを、理屈ではなく空気のなかで感じることができるように思います。

日本文学に見る自然との一体感の共有

私は江戸文学――19世紀の江戸時代の文学を専門にしておりますが、さまざまな作品を見てまいりますと、人々の絆、人と人がつながる必然性、あるいはその難しさ、世間の生き辛さということを表現するときに、多分に自然や時の移ろい、自然の風景に託して表現する。あるいは、自然に投影するというよりも人間が自然と一体としてあって、そのことを共有あるいは共感することにより絆をつくり、固めてゆく。そのような人間の精神文化が、江戸文学の多くの作品に共通しております。

九州北部の盆地に三隈川《みくまがわ》という美しい川が流れています。現在の大分県日田市、そこに19世紀の初めに広瀬淡窓《たんそう》という漢学者がおり、漢学塾をつくりました。全国から学生を集めるのですが、若い人たちですので、いろいろな諍いを起こしたり、ホームシックになったり、当時は方言がたくさんあったので、それぞれのお国言葉で意思の疎通ができないことにストレスが溜まったりします。そうしたときに淡窓先生が出てきて、七言絶句《しちごんぜっく》という中国の詩を書いて学生たちに渡して去っていくのですが、そのなかの詩の一つをみなさんと一緒に見たいと思います。

道《い》ふを休《や》めよ　他郷苦辛多しと
同袍《どうほう》友あり　自《おのずか》ら相親しむ
柴扉《さいひ》暁に出づれば　霜雪の如し

君は川流《せんりゅう》を汲め　我は薪を拾はん

つまり、愚痴を言うな、しばらくはいろいろな遠い所から来て一緒のコミュニティを作るというのは辛いと言うことを待つように、と。我々は物が豊富にあるわけではないが、そのなかでそれぞれ賄いをしながら共同生活をしている。朝みんなの食事を作る当番は、例えば君が三隈川に行って清冽な水を汲めば、私は裏の里山で燃料になる木をとってくる。一緒に力を合わせて水や薪の自然の力をいただいて、みんなでわれわれの後輩や先輩の一日の糧を作ることができれば、自ずと心が通い、そうしたことを繰り返すことによって絆ができるのだから、少し辛抱してくれよ、と。そういうことを、２００年ほど前の教師が学生たちに言っているのです。

変わりまして、幕末に活躍しました福井の歌人で和学者としても知られている、橘曙《たちばなあけ》覧《み》の歌を紹介したいと思います。曙覧もお金はありません。家族５人を養って細々と、やはり寺子屋のようなことをやっていたのですが、彼も常に人々との距離感、絆、家族を愛する気持ちを、周りからいただいている命を、その価値、家庭、時間と重ねて表現をしています。例えばこういう和歌を残しています。

夕煙　今日はけふのみ　たてゝおけ　明日の薪は　あす採りてこむ

今日の夕煙――もちろんこれは夕飯を作るための火の煙です――は、今日は今日の分だけを立てるように、明日の薪は明日とってくれば良いだろうという意味です。受け取り方によっては、やせ我慢といいましょうか、余裕がない、貯金をすることができず、毎日糧をとってこなければならないということもあるのでしょう。しかし一方では、非常に貴重な自然のエネルギーそのものが自分たちの生活のなかでどういうものなのかという心を、それにのせるように詠んでいます。

めせめせと　炭うる翁　こゑかれて　袖に雪ちる　としのくれがた

これは江戸時代後期の尼僧で歌人・陶芸家の大田垣蓮月《おおたがきれんげつ》が、京都へ旅したときに見かけた炭を売るお爺さんの労苦の姿を詠んだ歌です。

もうひとつ紹介したいと思います。平成6年（1994）に日本の天皇皇后両陛下がアメリカを訪れられました際、クリントン大統領が晩餐会に迎えたときのスピーチのなかで使った橘曙覧の歌です。

たのしみは　朝おきいでゝ　昨日まで　無《なか》りし花の　咲ける見る時

これだけは私、英語で言います。

What a delight it is in the morning to wake up and see a flower which was not blooming yesterday.

これはクリントン政権の翻訳ではなく、私のオリジナルの訳ですが、毎日一つずつ微妙な自然の変化、盛り、そして衰えということを自分の心に重ねて描いていくという歌です。

たのしみは　野山のさとに　人遇《あひ》て　我を見しりて　あるじするとき

「あるじする」というのは、もてなしをする、ご馳走してくれるということです。それこそ鎮守の森、あるいは里山の中を曙覧が毎日いろいろなことを考えながら歩き、そこで知った人に会うとお茶を飲んだりする絆が常に展開していたということです。

伝統的な日本の知恵を復興に活かす

生態学者の宮脇昭先生がライフワークとして日本の植生地図を作っていらっしゃるのですが、日本の現存の植生図を見ていきますと、それぞれいろいろな地域があり、西日本はとくに「代償植生」という、人間の手が加わった植生がたくさんあるのです。

またもう一つ、宮脇先生が著書として作っていらっしゃるのが日本の「潜在自然植生」のマップです。英語で「*Potential natural vegetation*」といいますが、仮に人為的に手を加えなかった場合、現状の立地や気候によって支持し得る植生として、その土地にどういうものがあり得るかを書いたものです。これを見ると、日本の島々は植生が豊かに再生する、あるいはずっと生き続けるところばかりだということが分かります。

私は3年ほど前から宮脇先生を含めた公益財団法人を立ち上げ、大震災のときに出た大量の瓦礫をそれぞれの被災地で生かして、次に来たるべき災害、津波に備えた防潮堤、あるいは防風林を作る「森の長城プロジェクト」のお手伝いをさせていただいております。東北であれば東北の、例えばブナの木であったりカシの木であったり、さまざまなその土地に即した木を植樹することによって、自然の力を避けたり止めたりすることはできませんが、受け流したり弱めたりすることはできるのです。そうしたいろいろな提案を、一昨年から東北は青森から福島にかけたいくつもの地域で行っております。

一昨年、仙台ではまずドングリ拾いをしました。とにかく秋はひたすらその土地の遺伝子を持ったタブやシイやカシの木のドングリを拾い、そしてそれを発芽させ、苗床にして1～2年経ったところで、それぞれの場所で植樹するのです。じつは先週、宮城県の岩沼市で大変大きな植樹祭をしたところです。

このようなかたちで今、日本では東日本大震災を一つの大きなきっかけとして、人々がそれぞれの立場で、自然の恵みや伝統的な日本の知恵を現在においてどのように実際に生かしていけるかということを考えています。現代の技術や科学、文化を否定するということなく、そのなかでどのように日本の古来の知恵や感覚、メンタリティを生かして発信できるのかを、一緒になって考えているのです。

私のような文学、それこそ日本の言語文化、精神文化に直接毎日触れて関わっている人間にとって、実際に野に出て山に入り、ドングリを拾いながらみなさんと一緒に森を再生させるというプロセスに参加するということは、大学で研究する者としても大変ありがたいことですし、研究に非常に役立てられるように思います。

大変大きな災害をきっかけとして、このような交流が始まって3年が経ちます。道は長いですが、活動を展開しているところです。ぜひみなさんにもその辺りのことにも目を向けていただき、自然の再生、あるいは自然の可能性について考え、そして教えていただきたいと思っております。

※本稿は平成26年6月3日、神宮会館大講堂で開催された「自然環境シンポジウム」（神社本庁主催）のパネルディスカッションでの発言を編集して載録したものである

未来への指標～神宮とお祭り～

神宮禰宜・神宮司庁祭儀部長　**小堀邦夫**

こほり・くにお●昭和25年（１９５０）和歌山県生まれ。京都府立大学文学部卒業後、皇學館大学大学院、國學院大學神道学専攻科を修了。昭和52年（１９７７）より神宮に奉職。現在、神宮禰宜、神宮司庁祭儀部長兼神宝装束部長

縄文の森

伊勢の神宮では毎年、１５００回以上のお祭りが、静かな森の中で行われています。神々をお祭りするには最も古い森の中がよいと考えたのはいつのころからなのでしょうか。わが国の先祖たちが森の民であったのは縄文時代、今から1万年以上もの昔から紀元前４世紀ごろまでの時代です。

シイ、カシ、クス、ツバキなどの照葉樹林の森の中で、自生するイモ類（ヤマイモ、サトイモ）やナッツ類（クリ、シイ、ドングリなど）を採集し、縄文土器を使って煮炊きして、生命を養っていました。魚介類も焼いたりして口にしたことでしょうが、焼ウニを食べていたのは驚きです。ウニの身がよく入っている季節を知っていたからです。イノシシなどは罠《わな》で捕えるため、いつも手に入る食糧ではありません。

1万年ほど続いた縄文文化の名残としては、漆塗《うるし》りの櫛《くし》や弓矢・槍などの武具が素材と姿形を変えながら伝わっていますが、おそらく月見の行事も同様かと思います。中秋の名月にお供えするのは古くはサトイモだからです。餅や団子になるのは米の文化が定着してからのことでしょうから、今も中秋の月見は芋名月《いもめいげつ》といいますし、後《のち》の月（陰暦八月十五夜に対して九月十三夜の月）を栗名月《くりめいげつ》ともいうのは故《ゆえ》あることでしょう。

今から二千数百年前に縄文時代から弥生時代に移行し、採集・漁労・狩猟の社会から農業を軸とする生産経済の社会へと大変化しました。弥生文化の特徴は米作りと金属加工の新技術にあります。林や森を田んぼにするためには、木を伐《き》り開墾し、田んぼになりにくい所は畑として利用するといった開発に斧《おの》や鍬《くわ》などの金属器が果たした役割は大きかったと考えられます。もちろん、米をはじめ麦、粟などの穀物をストックする高床式穀倉《たかゆかしきこくそう》を代表とする大型木造建築物を可能にしたのも金属器の使用によることです。

米や麦豆などの生産量が増えてゆくにしたがい、弥生文化は充実したものになりました。穀物を備蓄することによって大きな社会的事業、高床式木造建築や灌漑《かんがい》用水路の開発などが計画的に実行できるようになりました。誰もが竪穴式《たてあなしき》住居で大家族とともに暮らしながら、縄文時代とはまったく較べものにならない安定した生活を営み、一族の祖先を祭り、共同体（例えば近畿に残る垣内《かいと》規模の集落）の神々を祭ることによって、そののち２０００年以上もわが国の文化伝統の底流となった精神文化を承《う》け継《つ》ぐようになりました。

この固有の精神文化をやがて「神道《しんとう》」という言葉で表すことになりますが、それは「仏道（仏教）」に対して自らの伝統的習俗や儀礼を内容とするものです。神道を国語で読めば「神の道」ですから、神の教えあるいは神の示された道徳という意味になりますけれども、それは多分に仏の道（仏教）を意識しての命名であったかと思われます。おそらく厳格な意味を規定して神道と名づけようとしたのではなく、仏道をはじめさまざまな外来文化の流入に対して、自らの固有の文化を漠然と把握するための言葉であったために、神道を構成する要素は今も数々の発見によって増えています。

神道は祖先を含めて神を祭ることによって生まれる精神文化と考えてよいかと思いま

す。弥生時代には、神を祭る場所を決めようとする考えはおそらくなかったでしょう。当時、田んぼが平野部にどんどん出現してきて、ぽつんと森が残りました。それは縄文時代以来の森であり、そこに祖先を含めた神々が祭られるようになりました。やがて森の中に神を祭る社《やしろ》が建てられ、縄文の森は「鎮守《ちんじゅ》の森」となりました。植物生態学の宮脇昭氏によって、鎮守の森はわが国の固有植生を実査するときの基点の一つであることが発表され、その生態学上の重要さが世界に伝えられました。村の鎮守さまの森、神を祭る森は縄文の森であり続けてきたのです。

たてまつる文化

「祭る」という言葉の原義が「奉《たてまつ》る」にあることを上代祭祀言語《じょうだいさいし》の研究者、故西宮一民氏が解明されました。縄文時代には神に相当する言葉が何であったのか明らかではありませんが、たてまつる行為はいろいろと推測できます。イモやクリ、干した魚、たまたま獲れたイノシシなどをたてまつったことでしょうが、弥生時代の生産社会が進むにしたがって、米を蒸した飯《いい》、餅《もち》、酒をはじめ魚介類、野菜・海藻類などさまざまな御饌《みけ》がたてまつられることになりました。「御《み》」は尊敬を表す接頭語で、「饌《け》」は「食《け》」とも書きますが、朝餉《あさげ》・夕餉《ゆうげ》の「ケ」と同じく食べ物のことです。大きな祭りには何十種類もの御饌がたてまつられただろうことは、伊勢の神宮に限らず、古代から続く神社の御饌（神饌《しんせん》）から容易に想像されます。

奉るものの第一は神聖な場所で生産された食物《たべもの》、御饌です。神聖な場所といっても、それは日常の風景のなかにある田んぼ、畑、川、海、森などです。第二は天候の順調を祈って奉る菅《すげ》で編んだ蓑《みの》・笠あるいは神宮では御衣《みそ》と呼ぶ絹や麻の反物《たんもの》など食べ物ではない奉りものがあります。第三は舞《まい》、踊り、笛や太鼓を奏でるといった芸能を奉ることです。このように神に何かを奉る行為は漢字の「祭《さい》」と同義と考えられたので、「祭る」、「祭り」と表記することになりました。目に見えぬ神の前にさまざまな奉りものをして五穀の豊穣や子孫、共同体の繁栄を祈る祭りは、毎日毎年数知れず行われてきました。

奉るものは以上のような内容にとどまりません。神宮の20年に一度の大祭中の大祭である神宮式年遷宮《じんぐうしきねんせんぐう》では、まず建物（殿舎《でんしゃ》）をたてまつり、正殿《しょうでん》内へは神宝《しんぽう》装束《しょうぞく》をたてまつります。

神宮の正殿は唯一神明造《ゆいいつしんめいづくり》と称えられる弥生時代の高床式穀倉を原型とする建築様式で

す。礎石を持たず柱を地中に突き立てる掘立柱《ほったてばしら》と萱葺《かやぶ》きの屋根を特徴とする素木造《しらきづくり》の大型木造建築物です。古代の皇居や神宮の正殿のような大型建築物を「宮《みや》」といいますが、別の漢字で表記すると御《み》・家《や》（屋）となります。これよりはるかに小規模のものは「社《やしろ》」（祠）と呼ばれ、家《や》（屋）代《しろ》の意味は建物を建てるための土地《しろ》のことです。つまりヤシロはお祭りに際してそのつど建てる施設でした。神社は神の社のことですから、本来建て改めることを前提とした木造建築物でした。神宮も天武天皇の御代《みよ》以前は「伊勢の神の祠《やしろ》」であったと『日本書紀』は伝えていますから、半永久的木造建築を目指すという考えはまったくなく、建て改めることが当然とされていました。

ただし、ミヤという大規模な建築には相当な時間がかかりますので、古代では造宮使《ぞうくうし》という官制を敷いて、つまり臨時の役所に人を配置して実施させました。その重責を担ったのは神祇官《じんぎかん》で、今ならば文部科学省です。神の宮を建てるための用材の確保、敷地の整備、大勢の小工《こだくみ》や作業員（人夫《にんぷ》）の指導監督などがその任務でした。小工は一般にいう宮大工のことですが、その意味は木の匠《たくみ》、木匠《こだくみ》です。木《き》の古い言い方は木《こ》、「木《こ》の葉」のコです。表記を小工としたため、その本来の意味が忘れられ、やがて小に対する大で、「大工《だいく》」という名称が現れ一般化しました。

正殿などの建物が完成するころには、殿内に収める神宝などの製作も進められます。多くの品々を調えるためにも臨時の役所が設けられ、古代では営造神宝並装束使《えいぞうしんぽうならびにしょうぞくし》と呼ばれました。この役所は太政官《だじょうかん》に設置され、『延喜式《えんぎしき》』（平安時代中期に編纂された律令の施行細則）には105人の官人（役人）が職務にあたると定めています。太政官は今ならば内閣に相当しますから、神宝装束の奉納の意味の重大さが想像されます。神宝装束は現在714種1576点に及びます。これは2つの正宮《しょうぐう》と14の別宮《べつぐう》に収められる総計です。

皇孫のお祭り

神宮とは、天照大神《あまてらすおおみかみ》をお祭りする皇大神宮《こうたいじんぐう》（内宮《ないくう》）と、その御饌都神《みけつかみ》である豊受大神《とようけのおおみかみ》をお祭りする豊受大神宮《とようけだいじんぐう》（外宮《げくう》）、2つの正宮の総称です。正宮には別宮、摂社《せっしゃ》・末社《まっしゃ》などが所属しますから、すべてのお宮お社は125を数えることとなり、1年間のお祭りの回数は1500回以上行われることになります。もちろんそこでたてまつられる御饌の1年分となると膨大な種類と数量になりますが、すべて神職の手で調《ととの》えます。御饌の代表の一つ、蒸したご飯《はん》（飯《いい》）を奉るために神宮神田《しんでん》では神々を祭りながら米作りを行いますように、御饌は神々と人との共同の成果です。

さらに先ほど述べましたように、20年に一度、殿舎と神宝装束もたてまつられます。このように千年以上にわたってたてまつる行為を続けているのは、わが国の精神文化の土台を守り続けることにほかならないからです。神宮は天照大神の神威（神徳）がいつも国内に届くことを願ってお祭りを行います。豊受大神は天照大神にたてまつる大御饌《おおみけ》をみそなわされる神で、御饌都神（御饌を司る神）と称《たた》えられます。つまり、神宮は天照大神を最も丁重にお祭り申し上げるお宮にほかなりません。

五十《い》鈴《すず》川の川上で代々の天皇陛下が天照大神を厳粛にお祭りされるために、現在では神宮祭主《さいしゅ》が天皇陛下の御名代《ごみょうだい》（古語では御手代《みてしろ》）として勅旨を奉じて仕えておられます。神宮のお祭りを学術用語で「天皇祭祀」といって全国の神社祭祀と区別して考える場合もありますが、神宮のお祭りは天皇陛下のお祭りにほかならないとする点は、神宮の歴史始まって以来不変の事実です。ただ、私どもお仕えしている者には「天皇《てんのう》（すめらみこと）」より古い、「皇孫《すめみま》」または「皇御孫命《すめみまのみこと》」の尊称のほうが、神宮を理解するのに分かりよいと考えます。

皇孫は天照大神の尊いお孫様という意味です。皇孫には地上の国、豊葦原瑞穂《とよあしはらみずほ》の国を実現するとの壮大な使命があり、そのために高天原《たかまのはら》で天照大神が作っておられた稲の種を持って地上に降《くだ》られました。この種をもって豊かな稲の実りを増大させてゆくために、つまりこの国の繁栄をもたらすために林や森を開墾して田んぼを作り、畔や水路を計画しなければなりませんでした。これが政治の原点です。それには多くの豪族や地域を統治することが大前提となりますが、武力だけでは治めることが不可能でした。それぞれの豪族や地域には、それぞれ異なる神々をお祭りしている精神文化が強固に根ざしていましたから、皇孫は神々の世界をも治めなければなりませんでした。知恵に優れた神、武勇に秀でた神、その部族の祖先の神、まさに八百万《やおよろず》の神々を治めなければ、地上の繁栄と平安を出現することが叶いませんでした。

『古事記』や『日本書紀』は、天照大神は調和をもたらす光に満ちた神であると伝えています。この神代《かみよ》の伝えの一つに天《あめ》の岩屋《いわや》の事件があります。弟神である素戔嗚尊《すさのおのみこと》の狼藉《ろうぜき》に怒った天照大神が天の岩屋（横穴式石窟のような所）にこもって岩戸《いわと》を閉じてしまったのです。その結果、『古事記』では、常夜《とこよ》、つまりいつまでも明けることのない夜がやってきてしまい、八百万の神々は群がる蝿のごとくうなるばかりであったが、思兼神《おもいかねのかみ》の智略が効を奏して岩屋から大神を引き出し申し上げたところ、天地《あめつち》は元のように明るくなり、八百万の神々も本来の神としての働きをすることができた、と伝えます。

また、『日本書紀』には天照大神が誕生されたとき「この子《みこ》、光華明彩《ひかりうるわしく》、六合《あめつち》の内に照り徹《とお》らせり」と伝えています。六合とは天地東西南北のことです。『古事記』でも、天照大神の放たれる光はいかなる障害物があっても届けられる不思議なものであり、その光さえあれば八百万の神々が生々と活躍できる作用を秘めていたことを伝えています。

『日本書紀』では「日神《ひのかみ》」と記述されたことからも、天照大神を太陽神と考える研究者たちもおりますが、太陽はものを焼き亡ぼすほどの激しい光を有していますので、大神を太陽神と見なすことは少々無理があります。ただ、太陽の光が持つ、ものを生かしめる働きは大神にも共通するところかと思いますので、天照大神を太陽のごとき神格を有する神と表現することは許されるでしょう。

天照大神は美しい光を天地にもたらす神であり、八百万の神々はその光のなかでそれぞれの神徳を発揮することができるとの伝えを見れば、それは調和の光と考えてよいかと思います。代々の皇孫が天照大神をきわめて丁重にお祭りされてきたのは、それぞれが異なる神を奉じている人々の上に調和をもたらすことにほかなりませんでした。今もその精神伝統が不変のことである証が神宮のお祭りです。つまり、国を治める政治《まつりごと》と神を祭ることとが一体であることを、神風《かむかぜ》の伊勢の地、五十鈴川の川上で具現あそばされているのです、代々の皇孫の深い祈りによって。

未来への指標

現在、私たちが直面している深刻な諸問題について、それを一挙に解決したり、相似形に縮小したりすることが不可能であると誰もが考えているかと思います。しかし、工業社会がもたらした多くの豊かさを失いたくないと思うあまり、その負の面から目を逸らしてしまうことにもなりかねません。

工業社会であり続けようとする時代のなかで、神宮はお祭りを伝わってきたままに厳粛に伝えてゆく営みを片時も忘れたことがありません。

私は平成9年（1997）3月に開催されたハーバード大学主催のシンポジウム『神道とエコロジー』に招かれ、『*Yayoi-replicator*』と題した講演を行いました。遺伝子を*replicator*（複製子）と捉えたのはリチャード・ドーキンス博士ですが、私は精神文化を構成する多種多様な要素もまた、似たものではないかと考えました。つまり、*Yayoi-rep-*

licator（弥生時代の複製子）とは神宮のことです。

お祭りは神宮に限らず、いつ、どうして始まったのか、その多くは不明ですが、お祭りを行うことによってその始められた日の願いや祈りが伝えられてゆきます。そういう意味では、お祭りはわが国の精神文化を伝えるためのシステムと考えてもよいかと思います。伝わってきたままにお祭りが続けられることによって、神宮の場合は上代（古代）の精神文化の重要で貴重な数えきれない要素を亡ぼすことなく次代へ伝えてゆくことができます。毎年のお祭りに加えて20年に一度の大祭である神宮式年遷宮を続けることが、弥生時代に明確な姿を現した精神文化の主要素を生かしめてゆくことにほかなりません。小工や神宝に携わる匠たちの技は、その具体的な要素の一部です。精神文化をお祭りによって継承し続ける神宮が、地域共同体に調和をもたらし、国家が精神的に安定したものとなることこそ、皇孫が地上に降《くだ》ってこられた日の、何にも代えがたい尊いご使命であったと思います。

※本稿は平成26年6月3日、神宮会館大講堂で開催された「自然環境シンポジウム」（神社本庁主催）での発言の内容に加筆した『瑞垣』（神宮司庁発行）から一部を転用したものである

持続的な世界のための宗教の役割

国連開発計画総裁特別顧問　オラフ・ショーベン

Olav Kjørven●1963年生まれ。ノルウェー人国連職員で、キリスト教民主党の政治家。環境専門家として世界銀行に勤務後、ノルウェーの国際開発・人権大臣政策顧問、経済調査センター国際開発部長、外務省国際開発大臣を歴任。その後、国連副事務総長となる。現職のほか、ユニセフ（国際連合児童基金）理事を務める

「なぜ?」という問いの重要性

みなさんはこの日本の伊勢というとてつもなく美しい場所で過ごされ、人間と自然や神が創られたものとの関係に理解を深められたことでしょう。これは神社本庁のみなさんがくださった贈り物です。そしてもちろん、国連の代表である私自身も感謝の気持ちでいっ

ぽいです。国連は若い組織で、70年ほどの歴史しかありません。一方で神道は数千年の歴史があり、神道の感性から私たちが学ぶことは多くあります。

ここで私からみなさんに、深い質問があります。それは、「どうして今朝起きたのですか?」ということです。「毎日どんな理由でいろいろなことをするのですか?」「何かを変えたいと思ったり、何かの役に立ちたいと思ったりするのは、なぜなのか? あるいは私たちがなぜ今の状態にあるのか?」ということです。私が働いている国連では、この「なぜ?」についてほとんど話しません。なぜその職業に就いたのか、なぜ特定のことを勉強したのか? そして、私たちは自分たちが何かを知っている気になって話しています。自分たちが知っていることによって、自分たちが何者で、なぜそこにいるのかを語りがちなのです。しかし、実際はそうではないことに私たち自身が気づいています。

私の祖父は厳格で熱心なノルウェーのルター派プロテスタントでしたが、彼の行動原理を見てみると、彼はもしかすると典型的な神道の信者だったのかもしれないとも思えます。というのも、祖父は農家で農業についてよく知っていました。彼はノルウェーのとても寒くて岩だらけの土地においてさえ、利益を上げる方法を知っていました。しかし、祖父は自身の農家としての成功がすべてエコシステム——新鮮な水の供給、野生動物の役割——

といった自然界との関係によるものであることを知っていました。彼は「エコシステム」という言葉が発明される以前から、自然界の仕組みについて知っていたのです。また、一度も聞いたことがないにもかかわらず、彼は「持続可能性」についても知っていました。そして、祖父はその知識と神への深い信仰を組み合わせて捉えていました。

私は幼いころ、長い時間を祖父と過ごしました。祖父の話を聞き、彼のすることや仕事、彼の生き方を見てきました。それは私にとても強い影響を与えたのです。その影響がなければ、今日ここに私は立っていなかったでしょうし、今の仕事をしていなかったでしょう。

このように、私だけではなくて、おそらく誰もが何かを始めるにあたって物語を持っているはずです。しかし、毎日の忙しさを通じてそれを見失ってしまうことがあります。私たちは「なぜそれをしているのか？」ということを見失ってしまうのです。とても重要な「なぜ」です。

「持続可能な開発目標」策定への取り組み

この会議の初めに伊勢の神宮に参拝した際、とても興味深いものに触れました。それは私たち自身を清めるという儀式でした。原罪を取り除くのではなく、日々の生活の混沌を離れ、自分たちを調和のなかに戻すという儀式です。これは国連で働いていようが、他の生業であろうが、とても重要なことだと私は強く思います。この伊勢の神宮に限らず、神社を訪れることは、自らを清め、見つめ直し、なぜそこにいるのか、自分が何をしたいのかを再発見する機会になります。

そして今、私たちは世界的なレベルで特別なことに取り組むという驚くべき瞬間に立ち会っているのです。それは、国連の２０１５年以降の「持続可能な開発目標」の策定に関わるという試みです。これは今までになかったことです。貧しい国の貧しい人々のためだけでなく、世界共通のアジェンダで、すべての国に共通する開かれた試みです。

神道は私たちがこの目標にどのように取り組むべきかを教えてくれました。20年ごとに伊勢神宮は新しく建て替えられ、昨年（平成25年）その建て替えが行われました。神道は私たちが世界的に進めようとしていることに、とても強力な示唆を与えてくれます。

私たちがこの伊勢の地で過ごしたほんの数日の間に、神道は自然における人間の居場所について教えてくれました。それは互いにつながった命の糸のなかであり、自然と切り離されたものではありません。命のつながりのなかに自分たちの繁栄を見出《みいだ》せない限り、私たちに未来はないのです。

先日、ビル・クリントン氏はストックホルムでスピーチし、21世紀における大きな挑戦は「相互依存」であると語りました。もちろん、彼はそれを人類間でという意味で使いました。しかし、もっと深い意味があるのです。私たち人類を取り巻く命との相互依存です。生きている世界、生きている惑星のなかでの相互依存です。

宗教に秘められた叡智

すべての信仰は、人類がこの惑星に生まれてから何世代にもわたって積み上げられてきた素晴らしい見識を持っています。

中国の道教には陰と陽、天と地の思想があり、その二つの力の間でバランスと調和を保つ必要を説きます。私たちが気候変動について語るとき、気候変動の何が問題なのかについて指摘するとき、これ以上に説得力のある教えはありません。もし力の均衡が失われたらどうなるか？　私たちはこの星を人類が住めるように、他の生き物が生活できるように、この星の大気に何百万年もかけて放出された炭素を減らそうとしています。しかし一方では、炭素を大気に吐き出してもいます。これは道教が教える微妙なバランスを無視する行動です。つまり、道教は何が問題かを分かっているということなのです。

また、シーク教は食事について制限を設けず、すべてを平等に扱います。不平等が蔓延する今日の世界において、私たちはそこから多くのことを学ぶ必要があります。

国連が今取り組んでいることは、とても重要なことです。加盟国は未来のために新しい何かを打ち立てようと努力し、「何をどうするか」について野心的に取り組んでいます。持続可能な開発を推進し、2030年までに貧困を撲滅するには何をどうすればいいのか。個人や社会はどのような役割を果たすのか。政府や地方自治体は何をするべきか。これらはとても重要な問題であり、宗教が多大な貢献をできる分野です。貧困を撲滅することはできるのかという問題のなかで、諸宗教はそれぞれどのような役割を果たすことができるのでしょうか。

知識だけでなく、愛が重要である

みなさんが示された環境問題への取り組みは素晴らしいもので、実際に行動に移されています。なかでも気候変動の問題は国連の新しい目標の一部でもあるので、今後も計画を進めていただきたいと思います。

しかし、ではその先には何があるのでしょうか。貧困の撲滅のため、不平等の是正のためには何ができるのか。エネルギーや水の問題についても同様です。この会議では連日、水資源に関する議論が行われました。「持続可能な都市」「平和」といった、ニューヨークの国連本部で話し合われていることだけを見ても、しなければならないことは数多くあります。しかし、なぜそれが重要なのでしょうか。

これについて、キリスト教においては、使徒パウロが次のような詩で一つの答えを示しています。

「私は人間の言語や、さらには天使の言語を話すことができるだろう。しかし愛がなければそれはやかましい鐘の音以外の何ものでもない。私は心に響く説教ができるだろう。私はすべての知識を持ち、あらゆる秘密を理解することができるかもしれない。私は信仰の力で山を動かせるかもしれない。しかし愛がなければ、私に価値はない。私は自らが持つものすべてを差し出し、さらには私自身の体が焼かれてもかまわない。

しかし愛がなければそれらの行動には意味がない。

愛とは忍耐であり親愛であり、嫉妬や譲歩、高慢ではない。愛とは不作法ではなく、自己中心的ではなく、短気でもない。愛は邪悪な喜びではなく、真実とともにある喜びである。愛は決してあきらめず、その真摯な望みと忍耐は決して敗れない。

愛は永遠である。心を動かす言葉はあるが、それは一時的なものである。それらはいろいろな人の口から発せられるが、やがては消えていく。知識はあっても、やがては過去のものになる。私たちに与えられた知識や言葉はほんの一部でしかない。しかし、完璧なものが現れたとき、一部しかないものは消えてしまう。

私が幼かったころ、私の言葉、感情、そして考えはすべて子供としてのものだった。そして今、私は大人になり、子供のやり方は使わない。私たちが目にしているものは鏡に映ったぼんやりとした姿にすぎない。それならば、私たちは向き合わなければならない。私が知っていることは一部にすぎず、そうすることで完璧になる。神の私に関する知識と同じくらい完璧なものに。

そして信仰、望み、愛の三つが残る。そのなかで最も偉大なものが愛である」

それから2000年が過ぎ、ビートルズが現れ、彼らはより分かりやすくこれを表現しています。「オール・ユー・ニード・イズ・ラブ」(*All you need is love*)と。ビートルズは三つのうちの信仰と望みを省いてしまいました。それでも、このメッセージのなかには信仰と望みも少しは含まれています。いや、おおいに含まれているという気がします。

今日、知識は進化し、昨日は正しかったものが明日は必ずしも正しいとは限りません。私たちも進歩します。学びます。しかし愛がなければ、たとえ知識を持っていても、知識として理解していても失敗するでしょう。つまり愛が重要なのです。神の愛です。それは同時に、神が創られたものに対する愛でもあるのです。私たちの住むこの世界に対する愛か、あるいは神に対する愛かにかかわらず、それが重要なのです。

持続的な世界のための宗教の役割

私たちのこの伊勢での集まりは、長い旅の始まりにすぎません。この集まりは決して大きなものではありません。大海の一滴にすぎないでしょう。そしてさまざまな側面で、私たちには不利な要素が多くあります。

しかし、2000年前にイエス・キリストが12人の弟子たちに語ったことに耳を傾けましょう。当時は12人しかいませんでしたが、今日の世界には何十億という弟子がいます。イエスは「神の大国とはどのようなものか？　それは何と比較すればよいのか？」と尋ねると、ある男が種を採り、自分の畑にまきました。それはやがて育ち、木になり、鳥がその枝に巣を作りました。イエスがまた「神の大国と何を比較すればよいか？」と尋ねますと、ある女がイーストを手に取り、40リットルの小麦粉と混ぜ、それはやがて大きく膨らんだ生地になりました。

それはまさに、ここ伊勢の地でみなさんが抱いた感覚と同じです。神道では禿山を元に戻すため、200年計画を立てたと聞きました。そのような話はこれまでほかのどこでも聞いたことがありません。200年計画ですよ。そして現在の山の姿をご覧ください。私たちはこの会場までその山の中を通ってきました。神社に参拝する際、その中を通りました。一つの種から一本の木どころではありません。何百万という木なのです。そうすることでこの国が保たれ、世界に感銘を与えています。

向こう1年半の間に、現在議論されている持続可能な開発目標やニューヨークの国連に何が起こるか、私には分かりません。

しかし、一つ言えることは、私たちが自分自身が何者かを知れば、私たちが何を信じているか、朝なぜ目が覚めるのかを知れば、より持続的な世界をつくることができるということです。そしてそれこそが、私たちがみなさんを、この高貴な役割を果たしている世界の宗教を必要としている理由なのです。それが国連事務総長からのメッセージです。人間の尊厳、正義、創造物への愛情、持続可能な開発の方途は、すべての宗教に共有される考えなのです。

※本稿は平成26年６月４日、神宮会館大講堂で開催された神社本庁・ＡＲＣ共催の伊勢会議での「持続可能な開発計画」における開発目標についての発題を和訳・編集して載録したものである

第4章

日本で、世界で、神道が果たす役割とは

日本で、世界で、神道が果たす役割とは

神社本庁総長　田中恆清

たなか・つねきよ●昭和19年（1944）、京都府八幡市の石清水八幡宮宮司を務める祠官家に生まれる。現在、始祖から数えて第58代石清水八幡宮宮司。平成22年（2010）に神社本庁総長に就任。京都府神社庁長、世界連邦日本宗教委員会会長、種々の財団法人、社団法人の理事長、理事、評議員などを務める

今、世界の宗教者や環境活動家の間で神道に高い関心が寄せられていることは、これまで見てきたとおりである。そしてまた、国内でも神社ブームといわれ、幅広い世代で神社や神道への関心が高まっている。

こうした状況を、神社界はどう捉えているのか。また、神道は日本人の自然観にどのように関わっているのか。そして、神道が世界で果たすべき役割とは何か。神社本庁総長の

田中恆清氏に語っていただいた。

神道は八百万の神

私は立場上、一神教の人たちと交流する機会や、世界のさまざまな宗教者たちが集まる国際会議に出席する機会も多いのですが、そうした場では、やはり神道は根本的に一神教とは違うなと感じます。一神教を信仰する人たちは、自分たちが信じる宗教以外の宗教を認めることは難しいですし、信仰上許されないこともありますから。

そこへいくと、八百万《やおよろず》の神々がおられるのが神道です。宗教学でいう「多神教」という表現を使う場合もありますが、あらゆるものに神が宿るという考え方は、むしろ同じく「汎神教」という表現が近いのかもしれません。神道には明確な教義・教典がありませんから、いろいろな考え方を受け入れやすい。さまざまな考え方に対して柔軟に和をもって応対ができるという点は、神道の大きな特徴だと思いますし、一神教にはない日本的な信仰のあり方だと思います。

教義・教典があるということは、それを読み、信仰する人たちがいるわけです。神と人の間で「あなたはこの教えを守りなさい」という「契約」を結ぶことで、初めて「信仰」が成り立つわけですね。しかし、教義・教典を読むのは人間で、それぞれ解釈の仕方が違ってくる。すると、本来は神の教えだったものが、「人間が解釈する神の教え」になってきてしまう。そうなれば、解釈の異なる者同士の間に争いが起こることになります。

ところが、神道にはいわゆる教義・教典がありませんから、神様と契約を結ぶこともないわけです。神道は「道」です。道徳であり、道理、倫理です。説明はされにくいけれども、たしかにそこには道がある。茶道や華道など、日本には道の文化があり、その道には必ず神が存在するという考え方なのです。だからこそ、神道は日本でずっと続いてきたのだと思います。もちろん、それが終始一貫同じ考え方のもとに続いてきたとは限りませんし、それぞれの時代のなかで神道についてもいろいろな考え方が生まれ、さまざまなことがあったでしょう。それでも基本は変わっていない。そういう信仰のあり方というのは、世界でもじつに稀だと思います。

もちろんヨーロッパやアメリカでも、かつては神道のような多神教・汎神教的な信仰が中心だった時代があったのだと思いますが、それらの地域を一神教が席巻して人々を改宗させていったわけです。しかし、幸いなことに日本ではそうはならなかった。それはやはり、日本人の根底に「神道」というものがあったからだろうと私は思っています。

自然崇拝から発生した神道

日本人が抱いている「人間は自然に生かされている」とか「自然は畏敬の対象である」というような自然観は、神道的な考え方であるといわれます。しかし、こうした考え方を神道が明確に定義しているわけではありません。

神道の世界では、「すべての自然に神が坐《ま》す」という考え方で自然に接してきたというよりも、むしろ人間は自然と同体であると捉えてきたのだと思います。つまり、人間も自然の一部であると考えているのです。神道そのものが「自然」への畏敬から発生していて、神道の始まった最初から、今なお変わらない根幹の部分に「自然」があるのです。

キリスト教などの一神教においては、自然は神の被造物ですが、神道においては、自然は神そのものです。そこは大きく違う点だと思います。

日本で「自然」という言葉を使うようになったのは、たかだか２００年ほど前からのことだそうです。さほど昔のことではありませんね。もともとこの言葉は「じねん」と読まれていました。自然とは読んで字のごとくで、「自ずとそうなる」ということ。言い換えれば、「自然に任せる」「自然に逆らわない」「あるがままになる」ということでしょうか。そうした発想はやはり、「自然と一体である」という考え方に結びついていくのではないかと思います。

「自然とともに生きる」という考え方は、長らく農耕を中心とする社会だった日本では、共同体をまとめていくために不可欠なものでした。農事に関わるということはお互いの協力関係が必要で、その協力関係の中心に神々がいらっしゃるのです。人々は神々の加護をひたすら祈り、年々感謝を捧げつつ、農業を通した共同体での生活を送っていた。ですから、神道とは共同体に共通した価値観だったのだと思います。

現代では日本は農耕社会であるとはいいがたい状況ですが、それでもいまだ「自然は畏敬の対象である」という価値観が人々の間にある。その大きな理由は、やはり神社の存在と、神社で「祭り」が継承されていることにあると思います。神社では一年を通じてさまざまな祭りを行っています。大きな祭り、小さな祭り、日常的な祭り、いろいろな祭りがありますが、そのほとんどは農事に関わる祭りです。そうした農事に関わる祭りを通して神々と人間が接することで、近代化された現代の人々の心のなかにも農本国家の流れが受け継がれているのだと私は思っています。

時代のなかで受け継がれるもの

「人間は自然に生かされている」という考え方は、むしろ素朴で原始的な考え方だといえるでしょう。それが今、世界で「ユニークで貴重な自然観である」といわれている。それは、日本が農業を中心とする社会から工業化・近代化へと移行してもなお、素朴で原始的な自然観が残っているという点にあるのだと思います。

歴史や伝統、文化というものは時代から時代へと引き継がれていきます。日本人が賢明な民族だと思う点の一つは、伝統とは決して古いものをそのまま残すことと同義ではないと捉えていることです。伝統を引き継いだとしても、その時代に生きた証しとして時代のエッセンスを伝統に織り込み、積み重ねていくということができるのです。

例えば、日本が近代化するなかで、さまざまな情報が満ちあふれ、機械文明が素晴らしい勢いで発達していきました。そうして手に入れた文明の利器である車や、人によってはパソコンなどの機械製品に対しても、日本人はお正月になればお餅をお供えしたりします。

それはやはり、自然に対するのと同じように、物に対しても敬意を払い大事にするという意識を受け継いでいるからだと思います。近代になったからといって、前近代的なものを断ち切ってしまうということではないのです。

日本人はまた、「新しもの好き」な民族であると思います。でも、いつのまにか新しいものが日本的なものに変化してしまうことがよくあります。日本人はなにか新しいものが入ってきたとき、日本にもともとあるものと融合させて捉えようとするのです。その過程でさまざまな知恵が生まれ、自分たちが使いやすいように変化させていく。これは、先人の知恵が引き継がれているからこそ可能なことです。

結局、神道的な考え方というものは、日本人の生活や意識の根底に深く入り込んでいるのだと思います。ふだんは意識していなくても、ひとたび何かが起こるとそれがパッと前面に出てくるのです。例えば、交通事故を起こしたとき、物理的な衝突というだけではなくて、「これは何かのバチが当たったのかもしれない」というふうに考えたりする。こうしたことは日本人にはよくあるのではないでしょうか。

また、「この世にあるものすべてが神である」という考え方ですから、日本では子供のころから「他人が見ていなくても、神様が必ず見ていらっしゃるから、道義に反することをしてはいけないよ」と教えられてきました。そういう考え方が伝承されてきたからこそ、日本人は素朴でありながらも倫理・道徳の意識の高い民族だったのではないかと思います。

穢れと祓い

神道では「常に清らかであること」を重んじ、「穢《けが》れ」を嫌いますが、これもやはり心の問題だと思います。「けがれ」というのは「汚れ」という字を使うこともありますが、神道でいう「穢れ」は「気（け）が涸れる」ことを意味します。すなわち自分の心身が萎えていく状態のことです。そういったときに祓《はら》い、清めることによって、気をもう一度奮い立たせて元の状態に戻っていくという考えがあるのです。ですから、お祓いとは汚いものを取り除くという意味とは違います。

神社に行くと、神域の入り口辺りに手水舎《てみずしゃ》があり、そこで手水を取って手と口を清めます。この作法は、海や川に入って身体を清め、新しい衣服に着替える「禊《みそぎ》」に由来するものです。そうして祓い清めをしてから、神前にお参りをして気を高めてもらうのです。

このように、神社の参詣は「気の更新」という一つのかたちとして完成されたものになっています。気の更新を繰り返し、リフレッシュして、常に清らかで気に満ちあふれた状態を保つというこうした考え方が、伊勢の神宮で20年に一度行われている「神宮式年遷宮《じんぐうしきねんせんぐう》」にもつながっていくわけです。

自然の脅威

日本人にとって自然は身近で親しみを感じる存在です。それと同時に、自然の脅威についても日本人は昔からよく知っていたに違いありません。自然の恐ろしさといえば、なんといっても平成23年に起きた東日本大震災が記憶に新しいところです。

私はあの大震災が起こったときには東京にいましたが、東京でさえそれなりに大きな揺れを感じました。地震という自然現象によって、被災地ではもっと激しい揺れや津波が起こり、そのために亡くなった人、家や財産を失った人がたくさんいます。そんな状況にあって、被災者の方のなかには「神も仏もあるものか」と思った人もいるだろうと思います。しかし、では「自然なんかけしからん」と思った人がいるかというと、やはりそうではないと思うのです。自然とは時にこうした恐ろしい存在なのだということを実体験したうえでも、自然を恨むという発想は日本人にはあまりないのではないでしょうか。

私は実際に被災地に入って何人かの被災者の方の話を聞きましたが、涙が出るほど感動した話がたくさんあるのです。いくつかのエピソードをお話ししましょう。

過酷な状況のなかでも神を想う

岩手県の大槌町《おおつちちょう》に小鎚《こづち》神社という神社があります。ここにも津波が押し寄せましたが、神社の石段の上から４～５段下の高さで津波が止まったそうです。火災も発生して神社の裏山に火が燃え移ったのですが、これも自然鎮火したといいます。神社のご社殿自体は倒壊もせず、しっかり残っているのです。

神社には同じように被災を免れたケースが多かったのですが、これは必ずしも偶然ではないのではないかと思います。その地域で一番安全な場所に神様を祀ったということがあるのかもしれません。神様を敬う気持ちがあるからこそ、経験値として地震や津波が来ないところに神社を建てるわけです。そして、神社は地域の人々の心の支えとなる存在になっていくのでしょう。

ところが、小鎚神社の周辺地域ではたくさんの人が亡くなり、神社の前にはあらゆるものが流されて荒涼たる景色が広がっていました。私は震災から15日ほど経ってから現地に入り、小鎚神社の宮司さんの息子さんにお話を聞きました。地震が起きたとき、彼は神社の近くにある自宅に必要なものを取りに帰ったのですが、その帰りに津波がぶわーっと押し寄せて来たといいます。それで、必死になって神社のほうに駈け上がり、なんとか助かったのだそうです。

その方が言うには、「あの日の夜はものすごく天気が良かった。深々として素晴らしい星空だった。今までに見たことのないような数の星が輝きながら、津波でなにもかもなくなった大地を照らし続けていた」と。そして、「神様はこんなときにも、われわれにちゃんと明かりを分け与えてくださっているのだなあと思ったとき、とても神々しい気持ちになった」と、こうおっしゃるのです。

これを聞いたとき、ああ、これが日本人なのだなあと強く胸を打たれました。自然と人間は常に共存しながら生きていかなくてはならないし、たとえ今が悲惨な状況であっても、自然は必ずまたわれわれに恵みを与えてくれる。希望はまた必ずやってくるのだから、耐えなければならないときは人間同士助け合いながら耐えていこう。そんな考え方があるからこそ、過酷な状況のなかでも彼らはとても落ち着いているように見えました。

被災を免れた多くの神社と同じように、小鎚神社は地域の人たちの避難所になっていました。そこでは、避難者の自治が成立し、家を失った方々が肩を寄せ合って生活していくなかで、さまざまな問題を話し合って解決し、今できることを着実に進めていこうとする姿がありました。地域の共同体にとって神社とはどんな存在なのか、その原点を見る思いがしたものです。

あれほどの災害が起こったら、その直後から略奪や暴動が起こるのが世界の常だというのに、東日本大震災の被災地は違いました。あのような最悪の状況のなかで互いが助け合い、共同体の意識が露わになるというのは、やはり日本人だなと思います。

亡くなった命を引き継ぐ

そうは言っても、被災地に入った私は、あまりの状況に被災者の方々にどんな言葉をかけたらいいのか分かりませんでした。「大変でしたね」とも言えませんし、「頑張ってください」と言ったところで「何を頑張るんだ」と言われたら、返す言葉もありません。それなのに、被災者の方々のほうが、こちらの心が和むような言葉を返してくれることがいくつもありました。

ある女性の神主さんで肉親を亡くされた方がいらっしゃいました。どう言葉をかけようか案じながらお会いしたのですが、彼女の言葉にはとても驚かされました。

「今さら亡くなった人のことをとやかく言っても、その人たちの命はもう返ってきません。今、自分たちがたまたま災難から逃れられて生きているということは、亡くなった方々の命を自分たちが引き継いだのだと私は思っています。ですから、亡くなった方々のぶんも苦労しながら、地域が明るく楽しくなるように、自分は今生きている人たちの命を守り続けていかなくてはいけないのです」と、はっきりおっしゃったのです。

それを聞いたときは、本当に涙が出ましたね。彼女はこちらが想像していたよりも一歩も二歩も先を行っていたのです。思いもよらぬ自然災害が起こり、それによって亡くなった人もいれば、生き残った人もいるという厳しい現実。それを謙虚に受け入れたうえで、これからどうするのかということを真剣に考えておられる。だからこそ言える力強い言葉でした。

自然の前では人間は無力である

近年では、「自然環境を守ろう」とか「地球を守ろう」という言い方が当たり前のように流布しています。それはまるっきり間違いとはいえないかもしれませんが、私にはどうも違和感がある。人間の無自覚な傲慢が透けて見えるような気がするのです。

「地球にやさしく」「地球を大切に」といった標語を聞くと、そんな大それたことを言うなと言いたくなります。人間のどんなに優れた知力や技術をもってしても、自然にはかないません。結局、人間は自然の前にはまったく無力であるということが、東日本大震災でも証明されたわけです。これだけ科学が発展し世界が進歩していても、自然が猛威をふるえば、一瞬にして人間のつくり出してきたものなどすべて失われてしまう。人間が勝手に想定した範囲を軽く超えて、文明や科学技術を一気に無力化してしまうのです。人間はそういう偉大な自然のなかに生かされているのであり、そのうえで今を生きていかなければならない。そこをしっかりとわきまえるべきです。

日本は台風や地震に見舞われることが多く、日本で生きていれば自然災害はどうにかして受け入れて生きていかなければなりません。自然の脅威はいつの時代にも思い起こさずにはいられないのです。そういう意味では、自然という人智を超えたものに対して畏敬の念を持ち続けることが、自然災害に遭遇したときに自分たちの精神状態を安定させることにつながっていくのだろうと思います。東日本大震災の被災者の方々と接してみて、私はそのことを身にしみて感じました。

一所懸命の意味

日本人は「一所懸命」という言葉が非常に好きです。文字どおり、「一所（ひとところ）に命をかける」という意味を考えると、地震や津波の被害に何度見舞われても、先祖代々の土地にずっと住みついている人たちと重なります。

東日本大震災の被災地で余震が続いたりすると、「もう他の場所に移住したほうがいいのではないか」と言ってみたくもなりますが、彼らは他の場所へ移住しようとはしません。たとえ一時的に住めない環境になっても、復興したらまた戻ってきます。それは、福島で起こっている原発の問題とはまったく別の話です。あれは自然災害ではなく、いつ止むとも知れない人災ですから。

東日本大震災で津波の被害があった土地では、先人たちが「ここまで津波が来た」というかつての津波災害の記憶を、次に津波が起こったときの警告を込めて残していた集落がありました。そして、その印が神社だったというケースが多かったのです。周辺はすべて津波の被害にあっているのに、神社だけは流されなかったという例がたくさんあるのは、そのためだとも考えられます。この災害の記憶の印は、日本人の共同体意識を示しています。自分たちだけでなく子孫の代までも、その場所に命をかけて生き抜き、さらに引き継いでいくのだという考え方が定着しているのです。

自分の家より先に、氏神様

私は平成16年に起きた新潟県中越地震のときにも被災地を訪ねました。そのときのことです。

ある村では、地震でほとんどの家屋が倒壊していましたが、それでもなんとか残った家屋に一人のお婆さんが住んでおられました。そのお婆さんが、家のすぐ近くにある小さな神社をお掃除していらしたのです。

それで私が「お婆さんの家の被害はどうだったんですか」と尋ねると、「もう私の家もむちゃくちゃだ」と言うのです。それでも、傾いて汚れてしまった神社を一所懸命お掃除していらっしゃる。そして、こうおっしゃったのです。「自分の家よりも先に氏神様をきちんとしなくては、この村はだめになる。だから私はできることをやっているのだ」と。

まず氏神様を元に戻してから、次に自分たちの住み家を元に戻す。実際にこのお婆さんのように行動するかどうかは別としても、氏神様を大切にするこうした考え方は、日本人に通底するものではないでしょうか。そのお婆さんは、村のなかで氏神様が第一だという意識を、地震の以前からずっと持ち続けてきたのだと思います。日本人がそういう意識を持ってきたからこそ、神社が何百年もの間、保たれてきているのでしょう。

一神教的自然観の行き詰まり

これまで日本の神道的自然観について述べてきましたが、それとは対極にあるのがキリスト教やイスラム教などの一神教に見られる自然観です。一神教では、「自然は神から人間に与えられたもので、人間が好きなようにしていいものだ」と考えられています。自然は人間よりも下にあるものであり、人間が管理したり、征服したりすべき存在なのです。しかし、こうした一神教的自然観はすでに行き詰まりを見せています。一神教的自然観に基づいて、人間が自然を思うままにコントロールし、開発を続けていくという世界のあり方は、もはや不可能だということに気づいたのです。国連が「持続可能な世界」というテーマを掲げているのもそのためです。

そこで、一神教を信仰する人々が「自然環境を守ろう」あるいは「自然を大切にしよう」と言い出したわけです。宗教的な教義からいっても、彼らにとってはこれまでの考え方を１８０度変えることになるわけですから、これはすごい出来事だと思います。

そして彼らは、日本人の神道的自然観に活路を見出せないかと考えているのだと思います。神社本庁が正式にＡＲＣ（宗教的環境保全同盟）に加盟したのは平成12年（２０００）です。そのきっかけは、ある会議で当時神宮大宮司《だいぐうじ》だった久邇《くに》邦昭様がイギリスのフィリップ王配殿下とお会いになったとき、殿下からＡＲＣに加盟しないかというお誘いがあったことでした。それ以前から、ＡＲＣのメンバーが来日して神宮の宮域林をはじめとする神社の所有林の実態調査をしたり、神道と鎮守の森について下調べをしたりしていましたから、ある程度の交流はありました。

ＡＲＣというのは一神教の人たちが始めた活動で、現在も中心になっているのは一神教の人たちです。そのなかで、神道は自然や地球環境を考えるうえでモデルにすべき概念という捉え方をされているように感じます。

宗教協力において神道は中和剤

ＡＲＣの活動は「宗教協力」ということが前提にあることは間違いありません。加盟している宗教団体のなかには、自分本位な教義や考え方を強力に持っている人たちもいるだろうと思います。そういう人たちを含めて、みんなで活動していかなくてはいけないわけです。

仮に、異なる一神教を信仰する人同士が、宗教協力の名のもとに穏やかに交流をしていたとします。しかし、いったん教義上譲れない部分で意見が対立した場合には、おそらくいつまでも平行線を辿るでしょう。最終的には政治的なことにまで絡んでいって、国家同士の問題にも発展しかねません。

そんななかで、宗教協力のなかに神道が関わっていると、どちらが多いかという数の大小の問題ではなくて、一つの中和剤のような存在として大きな意味があるということはいえると思います。

例えば、カトリック教徒の精神的指導者であるローマ法王は、イスラム教徒やキリスト教のなかでもプロテスタント教徒にとってはカトリックの一聖職者にすぎません。でも、日本人の多くはカトリック教徒でもないのに、ローマ法王といったらそれはもうすごい人だと思っています。ローマ法王と握手したり、一緒に写真を撮ったりしたら、それは家宝になってしまいます。そこが、なんでも受け入れてしまう日本人のおおらかなところで、ある意味では素晴らしいと思います。

神道の基本は共存共栄です。何かと何かを結ぶ、仲を執り持つ宗教です。寛容で平和的、そこに争いはありません。ですから、神道はこれからの人間世界に前向きな何かを生み出す可能性を秘めている。それに気づいたから、世界の人たちは神道に熱い視線を送っているのでしょう。

神道に注がれる世界の眼

戦後のアメリカを中心とする連合国軍の占領政策下では、神道は危険な思想であるというレッテルを貼られ、疎外された時代もありました。しかし、今は神道の考え方に興味を抱き、素直に入ってくる方々が欧米人にも多くいらっしゃいます。一部の日本人にはいまだに「国家神道」という亡霊のような言葉を使って批判したがる人もいますが、むしろ世界の人たちの間には、おおらかさ、やさしさ、謙虚さといった日本人の資質の根底には、どうも神道というものがあるのではないかと考えている人たちがたくさんいます。

外国の方々には、「神道ってなんだ」「神社ってなんだ」ということを知りたいと強く思っている人も多いようです。伊勢の神宮と神社本庁が協働でつくった「ＳＯＵＬ ｏｆ ＪＡＰＡＮ」という神道を紹介する冊子があるのですが、これが非常に好評で、とくに駐日大使館の方々がよくご覧になっているようです。

それから、国際交流課では駐日大公使を伊勢の神宮に案内するというプログラムを継続して行っています。神宮にはこういう歴史があって、こういう神様をお祀りして、神宮式年遷宮という大きなお祭りがあって云々ということはこちらで説明しますが、実際に行ってみて何を感じるかは、その人に任せるしかないわけです。もちろん外交官ですから、外交辞令をおっしゃることもあるとは思いますが、みなさんなにかしら心豊かになって帰っていかれるようです。

異教徒たちの神宮参拝

平成19年にスウェーデンのゴッドランドというバルト海に浮かぶ島でＡＲＣの会議があり、私も当時神社本庁副総長の立場で参加しました。そのとき、初めて神社本庁として伊勢の神宮式年遷宮の話をしたのです。そして、ぜひ遷宮の機会に伊勢に来ていただいて、神宮が自然と共生している姿や、あるいは神道と自然の関わり方などを知ってほしいと提案しました。

そして実現したのが、平成26年6月に神社本庁とＡＲＣの共催で開催した伊勢会議です。開会に当たっては、参加者たちによる神宮の正式参拝を行いました。

彼らはもちろん異教徒です。とくに一神教の人たちは、通常なら異教徒の施設に入ることはほとんどありません。にもかかわらず、彼らは堂々と神宮の御垣内《みかきうち》（御正宮《ごしょうぐう》の外《との》玉垣の内側）に入って、二拝二拍手一拝の神道の作法で拝礼したのです。これはおそらく、多神教である日本でだからこそできたことだと思います。これはほかの一神教の国だったらできないことです。

日本人は海外で教会に行けば十字を切ったりします。「郷に入っては郷に従え」の発想で、相手のことを考えて、向こうの作法にのっとって拝礼するのが礼儀だと考えたり、「キリストも神様だから」などと考えたりします。しかし、それは多神教になじんでいる日本人の感覚であって、多くの異教徒からしたらとんでもないことなのです。他の宗教のお祈りの様子を見ることはあったとしても、自分たちがその宗教の作法に従って拝礼するなど、考えられないはずです。そういう意味でも、ＡＲＣに加盟している人たちは、神道に対して親近感を持っているのだろうと思います。

神道は明確な教義・教典を持たず、布教もしませんから、「よう来てくださいました。神道はこんな宗教ですから、みなさんもいかがですか」というようなことは言いません。神宮の森に足を運んで、手水《てみず》を取って、お祓《はら》いを受けて、参拝する。彼らはそういう体験から伊勢会議に入ったわけです。これは意義深いことだったと思います。

対話でなく体験で分かること

私はさまざまな宗教協力・宗教交流の組織に属している経験から、よく「対話だけではだめだ」と言っています。同じテーブルについて話をするという行為は、もうやり尽くしているわけです。そうではなくて、「宗教体験」が重要だと思っています。宗教体験から何かを感得して、良い意味で自分たちの信仰のなかに取り入れていくという方向につながればいいと思うのです。

ですから、伊勢会議に参加した人たちには、神道や神宮や神社について、知識として知るというよりも、体験として知ってもらうことが重要だと考えました。参加者たちは神宮式年遷宮について、「建物を20年に一度取り壊して新しいものに造り替える行事が１３００年間も続いてきたなんて、いったいどういうことなのか」と興味津々でした。ところが、「実際に来てみて分かった」と。２０００年以上前から続く神宮を目の前にして、鬱蒼とした森や神事がずっと続いてきていること、そして今もわれわれ日本人が神宮に対して尊崇の念を抱いていること、神宮式年遷宮がどんな意味を持つのかを、彼らは感覚として受け入れ、理解したのだと思います。

伊勢会議のなかで披露されたイギリス王室のフィリップ王配殿下とチャールズ皇太子殿下のメッセージや、国連開発計画総裁特別顧問のオラフ・ショーベン氏の挨拶のなかには、もしかしたら彼らのほうがわれわれよりも神道を深く理解しているのかもしれないと思うような、的を射た言葉が多分に含まれていました。

例えば、チャールズ皇太子は、「森が私たちを守ってくれていることを教えてくれた」とのメッセージを寄せてくださいました。また、オラフ・ショーベン氏は開会式の挨拶で「国連の持続可能な開発目標の策定には、歴史と伝統に基づいた価値観を維持している信仰の手助けが不可欠だ」と述べています。

参加者たちにとって、伊勢での経験は、かつてはおそらく彼らの世界にもあったはずの価値観を思い起こす機会になったのだと思うのです。一神教が世界を席巻していくなかで塗り替えられてしまった素朴で原始的な価値観を、日本の伊勢にやってきて、神宮の森に入って思い起こした人もいたでしょう。参加者が口にしたという「帰りたくない」という言葉は、そんな思いからだったのかもしれないと想像しています。

日本人の信仰や自然観、生き方とはどういうものなのかを、体験として感じ取ってもらいたいというのが、伊勢会議での私たちの狙いでした。参加者を京都の神社に案内したのですが、氏神様を祀る小さな神社を子供たちが遊び場所にしている様子から、日本の神社というのはごく自然に日本人の生活に定着していることが分かって、とても感動したという声を聞いています。

イタリアなどでは教会離れが進んでいると聞きますが、教会は懺悔したり、説教を聞いたりするところで、安らぐ場所ではないようです。一方、神社では放っておいてもらえるし、自由でいられます。いつでも誰でも、どんな思想や考え方の人でも、来たければ来ればいい。そういう意味で、癒やされるし、安らげる場所なのでしょう。

日本仏教と神道

伊勢会議では、もう一つ重要なことがありました。神社本庁が主催する自然環境シンポジウムに、仏教界にも参加してもらったことです。高野山真言宗管長の松長有慶氏に特別講演をお願いし、パネルディスカッションにも参加していただきました。神社本庁が主催するシンポジウムに、なぜお坊さんが来るのか？　参加した外国人にとっては不思議だったと思います。

しかし、神道は決して頑なな信仰ではないし、自分たちの自然観が最も優秀で正しいなどと考えているわけではありません。日本では神道は仏教という異なる宗教と共存しています。それは、日本人に共通する価値観というものがあり、神道も仏教も、そのうえに成り立っているからです。そうしたことを発信するためには、仏教界の方に参加していただいたことは非常に良かったと思います。

日本仏教は、まさに自然仏教です。鎌倉時代に日本仏教の各宗派を興した宗祖の多くは比叡山で修行をしています。比叡山は木の山ですから、彼らは自然のなかで修行をしたわけです。そして、自然と一体になった神道とも相通ずるような仏教が生まれたのです。

松長氏の講演は、まさに日本人の自然観についての内容でした。講演で松長氏がおっしゃっていましたが、仏教の教えのなかに「草木国土悉皆成仏《そうもくこくどしっかいじょうぶつ》」というものがあります。これは、まさに日本人が抱いてきた「すべてのものに神が宿る」という感覚を仏教的に表現したものです。

日本にはもともと神道という信仰があり、そこに仏教が入ってきて、やがてその両方をうまく調和させてきました。日本人は好奇心の強い民族ですから、新しく入ってきた仏教を「なるほど外国の神様というのはこんな格好をしているのか」という見方をしたのではないかと思います。仏教が日本に根ざした時点で、すでに日本人が受容しやすい宗教になっていたのであって、本来の仏教と日本仏教とは別のものだと思います。日々のお勤めで神様の名前を読み上げたりする宗派やお寺もありますし、日本の仏教の考え方や勤行《ごんぎょう》のなかには、今なお神々の存在が垣間見えます。

伝統宗教の役割

じつは、伊勢会議の２年前には、仏教界と神社界とで「自然環境を守る共同提言」を出しています（69ページ参照）。これは、「伝統宗教がもっとはっきりものをいわなくてはいけないのではないか」という高野山真言宗の松長氏の提案がきっかけでした。それで、天台宗と高野山真言宗と神社本庁とが一堂に会して環境問題について語り合おうじゃありませんかということで、「宗教と環境—自然との共生」と題した伝統宗教シンポジウムを開催したのです。

これには大きな反響があり、新聞各紙に取り上げられました。明治の神仏分離以降の歴史的な経緯から、神社とお寺は仲が悪いのではないか、ぎくしゃくしているのではないかと思っている人がたくさんいるようです。しかし、当の伝統宗教の側からそうではないということをアピールする機会になったとも思います。

そして、この伝統宗教シンポジウムを受けて、われわれも伊勢での自然環境シンポジウムに仏教界にも参加してほしいと声をかけることにしたのです。天台宗の座主《ざす》はご高齢で参加が難しいので、高野山真言宗管長の松長氏に参加していただいて、今回のシンポジウムのプログラムを組んだわけです。

日本は木を植える文化

神社本庁主催の「自然環境シンポジウム」では、鷹司神宮大宮司が宮域林の育成計画について論じられました（110ページ参照）。その内容に、外国人の参加者たちは非常に感嘆していました。宮域林の育成計画には、建材としての木材を確保するという意味だけではなくて、その根底に木や森、自然というものに対する日本人の考え方や思いが込められているからでしょう。

じつは、「植林」という考え方は西洋では歴史が浅いのです。一方、日本では植林の歴史は古くまで遡ります。日本の国土における森林面積はフィンランドに次いで世界第２位ですが、日本の森はそのすべてが原生林なのではなく、半分以上は昔から人の手で植えてきた人工林なのです。

大正大学名誉教授の富山和子氏が、「日本は木を植える文化の国である」という発言をされています。どういうことかというと、『日本書紀』のなかに「五十猛《いそたける》」という神様が樹木の種を持ってきて全国に播《ま》いたので、日本は青々とした山に覆われる国になった」という主旨の記述があるのです。『日本書紀』の成立は養老４年（７２０）ですから、つまり１３００年もの昔から、日本では植林を行っていたというわけです。

そして今は、天皇陛下と皇后陛下が毎年春に「全国植樹祭」というかたちで木をお手植え・お手まきされています。さらに、日本人は木を育てるということに対しても心を砕いてきました。毎年秋の「全国育樹祭」では、皇太子殿下が過去の植樹祭で両陛下がお手植え・お手まきされて生長した木のお手入れをなさっています。

今は鉄筋の家が多くなりましたが、昔ながらの日本の建築といえばやはり木造です。日本人は木の命をいただいて家や建物を建てるのと同時に、いただいた木の命を元に戻していく、新しい命を植えつけていくということをやってきました。その結果、全国に森が残っているわけです。

木を大事にするのは、建材として利用価値が高いということだけではなく、やはり「木には神々が宿る」という考えがあるからです。神社にご神木があったり、大樹に対して温かみや尊敬の念を抱いたりするのも、こうした考え方からきているのだと思います。

鎮守の森

規模の違いはありますが、神宮の宮域林と同じ姿が個々の神社の鎮守の森にもあります。都心だろうが地方だろうが、日本全国、神社のあるところに鎮守の森はあります。鎮守の森は単なる木の集合体ではありません。そこには、さまざまな生き物が生息し、命を守り続けています。自然が万物を生み育て、宇宙をつくりあげている「生成化育《せいせいかいく》」とした場所なのです。

京都で毎年開催している「鎮守の杜《もり》フェスタ」というイベントがあります。このイベントは私が始めたのですが、NPO法人「地球の杜委員会」が主催になって、行政機関の後援や企業の協賛も得ています。もちろん参加費は無料です。今ではすっかり定着して、毎回３００～４００人ぐらいの参加者が集まります。

参加者は神社や自然の話を聞いたり、自然観察や野遊び教室を体験したりして、一日、鎮守の森の中で過ごします。子供たちもかなりの人数が参加しています。神社で行うイベントや行事は継続することが大事です。子供のころに鎮守の森で遊んだイベントが大人になっても続いていれば、今度は自分の子供を連れて来てくれるかもしれません。続けることによって、人々の気持ちをつないでいくことができるのです。

最近では「鎮守の杜フェスタ」は神社本庁の教化活動の一端にもなっています。教化モデルになる神社の宮司さんに参加を呼びかけるなど、イベントを通して人々の輪が広がっています。

それから、このイベントを始めた目的の一つは、やはり「植樹」です。それが「1万本の植樹運動」というもので、「植樹はまず家庭から」と提唱して、イベントの最後に参加者に無料で2本ずつ常緑樹の苗木をお渡しししています。これにはわけがあります。以前、私がある理学博士に「いったい人間が一生のうちに必要とする酸素はどれぐらいなのか」と聞いてみたところ、「榊の木が1本あったら、人間の一生分が十分間に合います」という答えが返ってきたのです。それで参加者のみなさんに、「自分の酸素を自分でつくりましょう」ということで、榊や椿の苗を「O_2苗木」という名前でお渡ししているのです。もうじき1万本の目標が達成できそうです。

現代では「言挙げせず」は通用しない

古来、「神道は言挙《ことあ》げせず」といわれてきました。「言挙げ」とは、宗教的教義・解釈を言葉で明確にすることを意味します。それがなぜ否定されてきたのかといえば、上古《じょうこ》、言葉には呪力があると信じられ、むやみに言葉にすることを慎む伝統があったためです。尊い神様に関することを口にするのは憚られることであり、思い上がったことを言えば神罰が下るという畏れがあったのです。

神道は「道」であり、昔から日本人の潜在意識のなかに伝わってきた、いわば「物事の道理」でした。ですから、「言挙げせず」とされてきたもう一つの理由は、神道が「ことさら言わなくても分かっている」ものだったからでしょう。「子供は親の背中を見て育つ」「以心伝心」という言葉の意味するところと同じです。神道が言挙げせずにきたのは、言挙げする必要がなかったからともいえます。それほどまでに、日本人の生活のなかに神道や神社というものが溶け込んでいたのです。

しかし、今はそうではありません。地域の共同体が崩壊し、核家族化が進んで、伝統が積み重ねられなくなっています。それに、世界にはまだ神道のことを知らない人や、誤解している人がたくさんいるでしょう。ですから、神道は社会に対して受け身のままではなく、おおいに発信していくことが必要です。

平成25年には伊勢の神宮や出雲大社で式年遷宮が続いたこともあって、ここ数年、神社が注目を集め、参拝者が増えています。こうした状況は「神社ブーム」だといわれますが、果たしてそれが単なるブームで終わるのか、いつまで続くのかは誰にも分かりません。

しかし、神道の価値観というものが見直されてきているということは感じます。ですから、われわれ神社関係者がこの状況に胡坐《あぐら》をかいていてはいけないのです。この機会に、普段から鎮守の森を意識するような、あるいは神社という存在を身近に感じていただけるような方向に教化活動を進めていかなくてはなりません。そのためには、地域共同体や各家庭でのお祭りを大事にしましょう、ということは大きなテーマです。

これからの神社は、積極的に地域の文化や歴史を掘り起こし、信仰文化を伝えていかなくてはならないと感じています。「言わずもがな」が通じなくなってしまった今は、言わなければ分かってもらえないのですから。

世界に発信していくべきメッセージ

なかでも、やはり「自然とともに生きる」という日本人古来の生き方や考え方は、世界に向けておおいに発信していくべきだと思います。そしてそれは、人類が本来的に持っている価値観でもあると思います。神道が「自然とともに生きる」という価値観を発信していくことによって、世界の人たちの意識にこうした価値観を呼び戻すことができるかもしれません。

ただ、これはあくまでも布教ではありませんし、日本人の価値観の押しつけであってもいけません。メッセージを受け取った個々の人たちが感じ取ればいいのです。

神社には、日本人の自然観を守り、伝えていく使命があると思います。

これまでにも、神社本庁では包括する各神社に、自然環境を守るためのさまざまな活動について奨励してきましたし、神社の教化活動のなかにも自然環境の問題に取り組む活動を盛り込んできました。それを受けて、各県の神社庁や個々の神社がどういうかたちで氏子や崇敬者、関係者に日本人の自然観というものを伝えていくのかを考えていってほしいと思います。日本は狭いとはいえ地域が違えば風土も違いますから、自然環境をどう守っていくのか、自然観をどう伝えていくのかは、その土地の神社なり人なりが考えるべきだと思います。

こうしたことは、価値ある日本人の自然観を継続していくための一つの方法として、これからも神社本庁として取り組んでいかなければならない活動だと思います。

扶桑社新書　173

「鎮守の森」が世界を救う

2014年11月1日初版第一刷発行

編　　　集……『皇室』編集部
発　行　者……久保田榮一
発　行　所……株式会社　扶桑社
〒105-8070　東京都港区海岸1-15-1
電話　03-5403-8879(編集)
03-5403-8859(販売)
http://www.fusosha.co.jp/

DTP制作……株式会社アクシャルデザイン
印刷・製本……株式会社廣済堂

 ISBN978-4-594-07149-3